Akhilesh Kulhade Khushi Dewangan

Multiplicação in vitro de rebentos de TYLOPHORA INDICA BURM.F. MERRILL

Akhilesh Kulhade Khushi Dewangan

Multiplicação in vitro de rebentos de TYLOPHORA INDICA BURM.F. MERRILL

Tylophora indica - uma ipeca indiana Asclepiadaceae

ScienciaScripts

Imprint

Cover image: www.ingimage.com

This book is a translation from the original published under ISBN 978-3-659-86317-2.

Publisher:
Sciencia Scripts
is a trademark of
Dodo Books Indian Ocean Ltd. and OmniScriptum S.R.L publishing group

120 High Road, East Finchley, London, N2 9ED, United Kingdom
Str. Armeneasca 28/1, office 1, Chisinau MD-2012, Republic of Moldova, Europe
Printed at: see last page
ISBN: 978-620-7-84736-5

Índice:

INFLUÊNCIA DE ALGUNS ADJUVANTES E DO MEIO LÍQUIDO NA MULTIPLICAÇÃO *IN VITRO* DE REBENTOS DE *TYLOPHORA INDICA* (BURM.F.) MERRILL.

BY

KHUSHI DEWANGAN

ESCOLA DE CIÊNCIAS DA VIDA

PT. UNIVERSIDADE RAVISHANKAR SHUKLA

RAIPUR-492010 (CHHATTISGARH)

INTRODUÇÃO

As plantas são fonte de alimento, forragem, combustível, material de construção, materiais de saúde e medicamentos. As plantas medicinais são utilizadas como produtos farmacêuticos, neutracêuticos, cosméticos e suplementos alimentares. As plantas contribuem para a medicina moderna como fonte de agentes terapêuticos directos ou indirectos (Kadir, 998). A Índia é rica em diversidade de plantas medicinais e o sistema tradicional ainda é praticado em quase todas as partes do país. O Charak Samhita (1000 a.C.) é o mais antigo relato escrito pormenorizado sobre a medicina indiana. Regista a utilização de mais de 340 medicamentos de origem vegetal. *A Tylophora indica* (Burm.f.) Merrill, vulgarmente designada por Dama Bel (Nema *et al.,* 2007), Antamul ou ipecacuanha indiana, é uma das plantas medicinais importantes pertencentes à família *Asclepiadaceae.* É um arbusto trepador perene e distribui-se no Konkan, Karnataka, Bengala, Assam, colinas do sul e leste da Índia e Paquistão (Joshi, 2000). A sua classificação é a seguinte

Classe	Dicotiledóneas
Subclasse	Gamopétalas
Série	Bicarpelados
Encomendar	Gentianales
Família	Asclepiadáceas
Género	*Tylophora*
Espécies	*indica*

Capítulo 1
Descrição da planta

Trata-se de uma erva perene, pequena, delgada, muito ramificada, pubescente, que se entrelaça ou trepa, ou sob arbustos; a seiva é amarelada, presente no sub-himalaia, de Uttar Oradesh a Meghalaya, e na Índia central e peninsular, subindo até 1 260 m., raízes longas, carnudas, com casca cortiça castanha clara fissurada longitudinalmente; as folhas são ovadas-oblongas a elíptico-oblongas, agudas a acuminadas, cordadas na base, espessas, pubescentes por baixo quando jovens, glabras por cima. As flores são minúsculas, em fascículos de 2 a 3 flores em cimas axilares umbeladas. O cálice é dividido quase até à base, densamente peludo no exterior; segmentos lanceolados, agudos. Corola amarelo-esverdeada ou púrpura-esverdeada; lóbulos oblongos, agudos. O fruto é um folículo, ovoide-lanceolado, afilado no ápice formando um fino mucro, finalmente estriado, glabro. As sementes são amplamente ovadas ou ovado-oblongas, planas, castanhas, de cor escura no centro. A floração e a frutificação ocorrem em agosto-dezembro. Os seus sinónimos, nomes ingleses, sânscritos e vernáculos são os seguintes

Sinónimos: Os sinónimos de *Tylophora indica* (Burm.f.) Merrill são *Tylophora asthmatica* W. e A. (Shah e Kapoor, 1974), *Asclepias asthmatica* Linn. F., *Cynanchum indicum* Burm.f. (Joshi, 2000).

Nome inglês: Indian ipecac, Emetic swallow-wort (Joshi, 2000).

Nomes em sânscrito: Antmool, Anthrapachaka (Joshi, 2000).

Nomes vernáculos: Bengali - Antamul; Hindi -Antmool, Jangli pikvan; Kannada - Adumuttada, Nepala; Malayalam - Vallippala; Marathi - Kharaki-rasna, Anthamul, Pitmari; Oriya - Mendi, Mulini; Tamil - Koorinja, Peyppalainadu; Telugu - Verripala, Kukka-pala.

Tylophora

O género *Tylophora* compreende 50 espécies que estão distribuídas em África, Ásia, Austrália e Ilhas Oceânicas (Nema *et al.*, 2007). Algumas das suas espécies são usadas como etno-medicinas. Algumas das espécies de *Tylophora* são - *T. anomala* (Meve, 1999), *T. atrofolliculata, T. benthamii, T. bilobata, T. brassii, T. cameroonica, T. cinerascens, T. cissoids, T. cordata, T. crebriflora, T. cuspidate, T. dalzellii, T. fasiculata, T. fleckii, T. glabriflora, T. hellwigii, T. indica* (syn. *T. asthmatica*), *T. inhambanesis, T. kenejiana, T. linearis, T. minima, T. mollissima, T. ovate, T. polyantha* (syn *T. flexuosa*), *T. rupicola, T. tanakae, T. tenuis, T. urceolata* (Meve, 1996), *T. williamsii, T. woollsii.*

Utilizações medicinais

Esta planta tem sido tradicionalmente utilizada como um remédio popular em certas regiões da Índia para o tratamento de asma brônquica, bronquite, reumatismo e dermatite (Nema *et al.*, 2007). As folhas e as raízes são utilizadas medicinalmente (Bhavan, 1992). Diz-se que tem propriedades laxantes, expectorantes, diaforéticas e purgativas. Também tem sido utilizada para o tratamento de alergias, constipações, disenteria, febre dos fenos e artrite (CSIR, 1948-1976). A planta tem sido tradicionalmente usada para o tratamento de asma brônquica, disenteria, inflamação, iterícia e para induzir emese (Chopra *et al.*, 1986). A planta foi cientificamente comprovada para várias actividades, incluindo anti-asmática, na rinite alérgica, como emético (Kirtikar e Basu, 1991), e anti-diarreico, hipotensivo, anti-tumoral, anti-inflamatório, analgésico, anticonvulsivo e antirreumático (Gopalkrishan *et al.*, 1980). Tem reputação como alternativa e como purificador do sangue, frequentemente utilizado no reumatismo e no reumatismo sifilítico. O pó da raiz ou da folha é utilizado em diarreia, disenteria e febre intermitente. É um expetorante e é administrado em casos de doenças respiratórias.

afecções, bronquite e tosse convulsa (Nadkami, 1976). As raízes e as folhas possuem propriedades estimulantes, eméticas, catárticas e purgativas (Shah e Kapoor, 1976; Sharma e Sharma, 1977; Nair *et al.*, 1984). As raízes e as folhas também são usadas na hidrofobia. As folhas são utilizadas para destruir vermes. O extrato da folha actua como anti-tumor (Chitnis *et al.*, 1972; Stephen e Vijayammal, 2000). Os frutos são utilizados como veneno para ratos e parasitas (Subramaniam, 1999).

Objectivos

Os objectivos do presente estudo foram os seguintes

1. Estudar o efeito de diferentes meios (MS, SH e WPM) no estabelecimento de explantes nodais para a propagação *in vitro* de *Tylophora indica* (Burm.f.) Merrill.
2. Estudar os efeitos do sulfato de adenina e do PVP no estabelecimento dos explantes.
3. Estudar a proliferação de rebentos em vasos de cultura Growtek contendo meio líquido.

Capítulo 2
REVISÃO DA LITERATURA

As plantas são a fonte definitiva de muitos dos compostos farmacêuticos actuais (Fischer *et al.,* 2007). Os seres humanos têm explorado as propriedades medicinais das plantas desde os primórdios da história e, ainda hoje, mais de um quarto dos nossos medicamentos são derivados de plantas ou contêm extractos de plantas. A propagação clonal *in vitro* de plantas medicinais permite a produção em grande escala de plantas de elevado valor terapêutico para comercialização e utilização sustentável no sector industrial (Nema *et al.,* 2007). A Índia possui um vasto reservatório de espécies de plantas medicinais. No passado recente, a propagação in vitro foi registada em várias espécies de plantas, tais como *Holostemma adakodien* (Martin, 2002), *Hemidesmus indicus* (Sreekumar *et al.* 2000), *Asparagus densiflorus* (Benmoussa *et al.,* 1996), *Gloriosa rothschildiana* (Kozak, 2003), *Chlorophytum arundinaceum* (Lattoo *et al.,* 2006), *Ceropegia candelabrum* (Beena e Martin, 2003), *C. Sahydrica* (Nikam e Savant, 2007), *Leptadenia reticulate* (Arya *et al.,* 2003), *Vitex trifolia* (Hiregoudar *et al.,* 2006), etc. Existem muitos grupos de plantas dotadas de propriedades medicinais.

A cultura de tecidos é basicamente definida como o crescimento *in vitro* de plântulas a partir de qualquer parte das plantas num meio de cultura nutritivo adequado. É também conhecida como "micropropagação" em tecnologia científica. O principal objetivo da propagação clonal ou vegetativa é produzir plantas descendentes, que são idênticas em genótipo às plantas-mãe. A micropropagação é realizada através de três vias principais, nomeadamente a proliferação de rebentos, a organogénese e a embriogénese somática.

I. Proliferação de gemas de rebentos: Nesta técnica, as culturas são iniciadas a partir de gemas terminais ou axilares de rebentos dormentes ou em crescimento ativo (Hu e Wang, 1983).

II. Organogénese: Nesta técnica, o calo é iniciado a partir de qualquer tipo de explante capaz de renovar a divisão celular e depois são induzidos rebentos adventícios na cultura do calo.

III. Embriogénese somática: O início e o desenvolvimento do embrião a partir de tecido somático em cultura de plantas, em vez da maturação de embriões zigóticos excisados, é conhecido como embriogénese somática. Os embriões somáticos germinam e dão origem a uma planta completa.

Nesta revisão, descrevem-se brevemente as propriedades medicinais de algumas espécies de plantas pertencentes à família *Asclepiadaceae* e o trabalho efectuado na propagação *in vitro*.

***Asclepias asperula* (Decne.)** Woodson. Chifres de Antílope: A planta é utilizada como rapé no tratamento do catarro (Moerman, 1998).

***Asclepias quadrifolia* Jacq.:** Um chá feito com as raízes é diurético e laxante (Foster e Duke, 1990; Moerman, 1998). Também tem sido utilizado no tratamento de doenças venéreas (Moerman, 1998). As folhas são esfregadas nas verrugas para as remover (Foster e Duke, 1990). O látex das folhas é utilizado; precisa de ser aplicado diariamente durante algum tempo para ser eficaz (Fern, 1997).

***Asclepias speciosa* Torr:** A infusão da planta é utilizada para tratar seios doridos das mulheres. O látex leitoso é anti-sético e utilizado para cortes, feridas, tratamento de micose, remoção de calos e calosidades (Bhattacharjee, 2000). O látex é utilizado como cura para verrugas (Grae, 1974; Moerman, 1998). O látex precisa de ser aplicado pelo menos uma vez por dia durante um período de algumas semanas para ser eficaz (Fern, 1997). O látex tem propriedades anti-sépticas e tem sido utilizado para tratar feridas na pele, cortes e micose.

Uma decocção dos topos da planta pode ser coada e utilizada para tratar a cegueira e a cegueira da neve. A raiz é mastigada quando fresca, ou seca, moída até se tornar um pó e depois fervida, e utilizada no tratamento de dores de estômago. Uma decocção das raízes tem sido usada em pequenas doses para tratar doenças venéreas e também para tratar a tosse, especialmente da tuberculose. Uma cataplasma das raízes amassadas tem sido aplicada nas articulações reumáticas. Deve-se ter algum cuidado ao usar a raiz, pois há um relato de que pode ser venenosa em grandes quantidades (Moerman, 1998).

***Asclepias syriaca* L.** Erva-leiteira comum: Uma decocção da raiz é utilizada para curar asma, tosse, indigestão e gonorreia. Esta decocção é laxante, aumenta o fluxo de urina e induz o vómito. O látex leitoso é útil para o tratamento de verrugas e toupeiras (Bhattacharjee, 2000). A raiz é anódina, diaforética, diurética, emética, expetorante e purgativa (Grieve, 1984; Lust, 1983; Foster e Duke, 1990). Tem sido utilizada no tratamento da asma, pedras nos rins, doenças venéreas, etc. (Chevallier, 1996; Moerman, 1998). Uma infusão das raízes trituradas tem sido usada pelas mulheres de algumas tribos indígenas nativas da América do Norte para promover a esterilidade temporária (Weiner, 1980; Moerman, 1998). As folhas e/ou o látex são usados em remédios populares para tratar cancro e tumores (Duke, 1983). O látex leitoso dos caules e das folhas é utilizado no tratamento de verrugas (Grieve, 1984; McPherson, 1977; Foster e Duke, 1990; Moerman, 1998). O látex precisa de ser aplicado pelo menos diariamente durante um período de até algumas semanas para ser eficaz. Os caules podem ser cozinhados e aplicados como cataplasma em articulações reumáticas (Moerman, 1998). Uma mistura antifertilidade dos Mohawk continha serralha e jaca na polpa, ambas consideradas contraceptivas. Secos e pulverizados, um punhado de serralha e três rizomas de Arisaema foram infundidos num litro de água durante 20 minutos. A infusão era bebida, uma chávena por hora, para induzir a esterilidade temporária. O rizoma é utilizado em homeopatia como antiedémico e emmenagogo no tratamento de hidropisia e dismenorreia (Duke, 1983).

***Asclepias tuberosa* L. Erva de andorinha:** Tem acções específicas nos pulmões (Bhattacharjee, 2000). A raiz da pleurisia é uma erva tónica amarga, com sabor a noz, que aumenta a transpiração, alivia espasmos e actua como expetorante (Bown, 1995). Era muito utilizada pelos índios norte-americanos e adquiriu a reputação de curandeira entre os primeiros colonos brancos (Chevallier, 1996; Moerman, 1998). A sua principal utilização no herbalismo atual é para aliviar a dor e a inflamação da pleurisia (Chevallier, 1996). A raiz é antiespasmódica, carminativa, ligeiramente catártica, diaforética, diurética, expetorante, tónica e vasodilatadora (Grieve, 1984; Lust, 1983; Uphof, 1959). A raiz era muito popular como erva medicinal para o tratamento de uma série de doenças pulmonares, sendo considerada especialmente útil como expetorante (Grieve, 1984; Weiner, 1980; Chevallier, 1996). Nunca foi examinada cientificamente e merece mais investigação (Weiner, 1980). Também tem sido utilizada internamente com grande vantagem no tratamento da diarreia, disenteria, reumatismo, etc. (Grieve, 1984). Utilizar com precaução (Lust, 1983). Este remédio não deve ser receitado a mulheres grávidas (Bown, 1995). Uma cataplasma das raízes secas e em pó é utilizada no tratamento de inchaços, contusões, feridas, úlceras, claudicação, etc. (Foster e Duke, 1990; Bown, 1995; Stuart, 1979).

***Asclepias viridiflora* Raf:** Erva-leiteira verde: Uma cataplasma feita com as raízes mastigadas pode ser aplicada em erupções cutâneas, nas gengivas doridas de um bebé em amamentação e nas articulações reumáticas. Também pode ser utilizado como cataplasma em olhos doridos. A raiz também pode ser mastigada como tratamento para dores de garganta, enquanto uma infusão tem sido usada para tratar a diarreia em crianças. Uma infusão da planta inteira tem sido usada para aumentar o fluxo de leite de uma mãe que está a amamentar (Moerman, 1998)

***Calotropis gigantea* (L.) R.Br.:** Cânhamo de corda de arco: A flor em pó é utilizada em constipações e tosse. A raiz, a folha e a pasta da casca são utilizadas na elefantíase (Bhattacharjee, 2000). O Calotropis é utilizado como planta medicinal tradicional (Rastogi e Mehrotra 1991; Oudhia e Dixit 1994). Tradicionalmente, o calotropis é utilizado sozinho ou com outros medicamentos (Caius 1986) para tratar doenças comuns como febres, reumatismo, indigestão, tosse, constipação, eczema, asma, elefantíase, náuseas, vómitos e diarreia (Das 1996). De acordo com a Ayurveda, a planta inteira seca é um bom tónico, expetorante, depurativo e anti-helmíntico. A casca da raiz seca é um substituto para a ipecacuanha. A casca da raiz é febrífuga, anti-helmíntica, depurativa, expetorante e laxante. A raiz em pó é usada na asma, bronquite e dispepsia. As folhas são úteis no tratamento da paralisia, artralegia, inchaços e febres intermitentes. As flores são amargas, digestivas, adstringentes, estomacais, anti-helmínticas e tónicas (Agharkar 1991; Warrier et al. 1996). Calotropis é também um medicamento homeopático de renome (Ghosh 1988; Ferrington 1990).

***Ceropegia sahyadrica* Ans. e Kulk:** É uma erva erecta amplamente cultivada nos Ghats Ocidentais e encontra-se na categoria rara (Ansari e Kulkarni, 1971; Lucas e Synge, 1978; Nayar e Sastry, 1987; IUCN, 1994; Jagtap e Singh, 1999; Tatali e Tatali,2000). Os tubérculos e as folhas da espécie são utilizados para curar a diarreia e a disenteria (Nikam e Savant, 2007). Nikam e Savant (2007) relataram a cultura de calos e a micropropagação de *Ceropegia sahyadrica.* Obtiveram o maior número de rebentos (6,1) por explante nodal em meio MS suplementado com 10 mM de BAP. Obtiveram uma proliferação extensiva de calos em MS com 1,0 mM 2, 4-D e 0,5 mM BAP. O encaminhamento em rebentos foi favorecido pela adição de 6,0 mg/1 de espermina e 5% de sacarose. Beena e Martin (2003) relataram a propagação *in vitro* da planta medicinal rara *Ceropegia candelabrum* L. através de embriogénese somática. Encontraram 90% de sobrevivência em plantas estabelecidas.

***Cynanchum paniculatum* (Bunge.) Kitag:** Uma decocção da raiz ou da planta inteira é anódina e carminativa. A raiz é utilizada para acalmar aflições nervosas e enjoos de viagem (Duke e Ayensu, 1985).

***Cynanchum stauntonii* (Decne.) Hand-Mazz:.** A raiz seca, decoccionada com outras ervas, é anódina, antitússica e expetorante (Duke e Ayensu, 1985). Uma decocção da raiz é usada no tratamento da tosse e asma (Yeung, 1985). As decocções de todas as partes são utilizadas como febrífugo e para tratar a febre interna. As raízes são utilizadas medicinalmente para a tuberculose pulmonar, desnutrição infantil devido a parasitas intestinais, gripe, tosse e bronquite crónica (Flora of China, 1994).

Gymnema sylvestre: A planta é utilizada no tratamento da asma, queixas oculares, inflamações, planeamento familiar e mordedura de cobra (Anonymous, 1956; Uniyal, 1993). Possui propriedades antimicrobianas, anti-hipercolesterolémicas (Bishayee e Chatterjee, 1994) e hepatoprotectoras (Rana e Avadhoot, 1992). É útil em casos de hepatoesplenomegalia, dispepsia, obstipação, iterícia, halmintíase, cardiopatia e amenorreia. As folhas frescas, quando mastigadas, têm a propriedade notável de paralisar o sentido do paladar para substâncias doces e amargas durante algum tempo (Kurihara, 1992). Kamalavalli e Rao (2000) relataram a micropropagação *in vitro* de *Gymnema sylvestre.* Obtiveram um número máximo (57 rebentos) de rebentos a partir de explantes de nódulos axilares de plântulas com 30 dias de idade em meio MS contendo BA (1 mg/1), cinetina 0,5 mg/1, NAA 0,1 mg/1, extrato de malte 100 mg/1 e ácido cítrico 100 mg/1. Obtiveram uma elevada frequência de enraizamento em explantes de nódulos axilares derivados de rebentos (50%) em meio MS de meia força suplementado com IBA 3,0 mg/1.

***Hemidesmus indicus* (L.) Schult.** Salsaparrilha do campo: É um arbusto prostrado ou ramoso. A raiz é aromática. A espécie é nativa da Índia, ocorrendo normalmente desde a planície superior do Ganges até Bengala Ocidental e M.P. e Sul da Índia. A decocção da raiz, cerca de 10,0 ml, é utilizada três vezes por dia durante um mês como purificador do sangue e em doenças de pele (Bhattacharjee, 2000). Patnaik e Debata (1996) relataram a micropropagação *de Hemidesmus indicus* (L.) R. Br. através da cultura de gemas axilares. Atingiram a taxa mais elevada de multiplicação de rebentos de 8,2 ± 0,4 rebentos/explante com uma frequência de 95% num período de cultura de 5 semanas em meio Murashige e Skoog suplementado com 1,15 pM de cinetina e 0,054 pM de ácido a-naftalenoacético. Os rebentos excisados foram enraizados no mesmo meio basal suplementado com 1,15 p-M de cinetina e 7,35 pM de ácido indol-3-butírico. Os rebentos derivados de subculturas apresentaram uma melhor resposta de enraizamento do que os provenientes de culturas primárias. Após uma fase de endurecimento de 2 semanas, registou-se um sucesso de 70% no transplante para o campo.

***Metaplexis japonica* (Thunb.) Makino:** As sementes e as folhas são hemostáticas e tónicas (Stuart; Duke e Ayensu, 1985). Os pêlos das sementes são estípticos, enquanto as folhas esmagadas são aplicadas em abcessos e inchaços (Duke e Ayensu, 1985). Os caules e as raízes são utilizados como medicamento para ferimentos traumáticos, picadas de cobra, impotência e desnutrição infantil devido a parasitas intestinais (Flora of China, 1994).

***Tylophora ovata* (Lindl.) Hook:** Uma decocção é usada no tratamento de leucemia, asma e tosse, ferimentos traumáticos, dores nas costas reumatóides, dores no estômago e no abdómen, mordeduras de cobras venenosas (Flora of China, 1994).

***Vincetoxicum hirundinaria* Medik.** Erva de andorinha: Diaforético, diurético, emético (Grieve, 1984; Usher, 1974). Utilizada no tratamento da hidropisia (Grieve, 1984). O sumo da planta é aplicado em furúnculos e borbulhas (Manandhar, 2002).

***Tylophora indica* (Burm. f.) Merrill:** As raízes secas da planta são úteis no tratamento de disenteria, asma e bronquite (Bhattacharjee, 2000). Patel *et al.* (2006) relataram a atividade antidiarreica de extractos alcoólicos e aquosos de raízes de *Tylophora indica* (Wight e Arn.) em roedores. Verificaram que o extrato aquoso da raiz era mais seguro e benéfico no tratamento da diarreia.

Thomas (2006) estudou o efeito de açúcares, ácido giberélico (GA_3) e ácido abscísico (ABA) na embriogénese somática a partir de calos derivados de explantes inter-nodais de *Tylophora indica* (Burm. f.) Merrill. Verificaram que a presença de GA_3 e ABA promoveu a embriogénese somática. O ABA melhorou significativamente a embriogénese somática em *T. indica,* ao passo que a glucose sozinha ou em combinação com sacarose teve um papel inibidor. Os embriões obtidos desenvolveram-se normalmente e transformaram-se facilmente em plantas.

Mhatre *et al,* (1984) relataram o isolamento de protoplastos a partir de tecido de calo derivado de segmentos de caule de *T. indica* recentemente cultivados e a formação de calos a partir da divisão rápida de protoplastos. Verificaram que os protoplastos isolados de tecido de calo se mantiveram durante mais de 5 anos. Apresentaram divisões e subsequente formação de calos, mas não conseguiram regenerar plantas.

Sharma e Chandel (1992) referiram que a adição de ácido ascórbico era essencial para induzir a germinação de rebentos axilares de *Tylophora indica.* Verificaram que a multiplicação era óptima em meios de cultura com 6-benzilamino purina (5,0 mg/1), ácido alfa-naftaleno-acético (0,5 mg/1) e ácido ascórbico (100 mg/1). Conseguiram o enraizamento de plantas produzidas *in vitro* MS com 1,0 mg/l IAA. Bera e Roy (1993) relataram a micropropagação de *Tylophora indica* (Burm. f.) Merr. através da formação de gemas múltiplas a partir de explantes de folhas maduras sem intervenção de calos. Observaram a maior eficiência de enraizamento em micro rebentos colocados em MS com 3 mg/1 de IAA.

Benjamin, Heble e Chadha (1979) relataram o estabelecimento de culturas de tecidos a partir de segmentos de folha, caule e raiz da planta *Tylophora indica* num meio quimicamente definido. Encontraram diferenças distintas nas respostas morfogenéticas dos tecidos derivados de diferentes órgãos das plantas sob o estímulo de vários reguladores de crescimento. Neste caso, os regenerantes derivados de calos de caule foram transferidos para vasos e cultivados até se tornarem plantas maduras em condições de campo. As culturas de calos não conseguiram sintetizar alcalóides de fenantroindolizidina em quantidades comparáveis às da planta adulta, ao passo que o perfil alcaloide dos rebentos e raízes regenerados por cultura de tecidos era semelhante. As plântulas (fase de 10 folhas) mostraram uma tendência para adquirir o estado metabólico das plantas adultas. O perfil e a concentração de alcalóides das plantas com flor regeneradas eram semelhantes aos das plantas cultivadas no campo propagadas vegetativamente (plantas normais)

Faisal *et al.* (2007) relataram um sistema eficiente de micropropagação para a rápida multiplicação *in vitro* de uma planta medicinal ameaçada de extinção, através da proliferação reforçada de gemas axilares a partir de segmentos nodais de *Tylophora indica* (Burm. f.) Merrill. Faisal e Anis (2005a) relataram uma elevada frequência de organogénese de rebentos e o estabelecimento de plantas a partir de calos derivados do caule *de Tylophora indica* (Burm. f.) Merrill. Também encontraram regeneração de plantas a partir de cultura de calo de pecíolo de *T. indica* (Faisal e Anis (2005b).

Nema *et al,* (2007) desenvolveram um sistema altamente regenerativo para a micropropagação rápida de *Tylophora indica* utilizando explantes foliares de plantas maduras. Faisal e Anis (2003) apresentaram um protocolo eficiente para a propagação rápida em massa de *Tylophora indica* a partir de calos derivados de folhas.

Jayanthi e Mandal (2001) relataram a regeneração de plantas através de embriogénese somática utilizando explantes foliares e a análise rápida de plantas regeneradas de *Tylophora indica* (Burm. F. Merrill.). Chandrasekhar *et al.* (2006) desenvolveram um procedimento eficiente para induzir a embriogénese somática a partir de folhas maduras de *Tylophora indica.* Manjula, *et al,* (2000) relataram a embriogénese somática a partir de calos derivados de folhas *de Tylophora indica.*

Thomas e Philip (2005) relataram um protocolo eficiente e reprodutível para a regeneração de calos de alta frequência a partir de explantes de folhas imaturas de *T. indica.* Conseguiram a formação de calos organogénicos em 92% de explantes de folhas imaturas colocados em meio Murashige e Skoog (MS) suplementado com 7 ^M de ácido 2, 4-diclorofenoxiacético e 1,5 *^M de* 6-benziladenina. A combinação hormonal óptima para a regeneração de plântulas foi de 8,0 ^M de thidiazuron, com a qual se obteve a regeneração de rebentos em 100% das culturas, com uma média de 66,7 rebentos por cultura.

Wang *et al.* (2006) isolaram e identificaram oito compostos de *T. indica* como antofina (I), hancolupenona (II), hancolupenol (III), ácido vanílico (IV), ácido siríngico (V), ácido ferúlico (VI), sitosterol (VII) e daucosterol (VIII). O composto antofina (I) pode inibir significativamente o crescimento de células cancerígenas.

Chaudhuri *et al.* (2004) referiram a raiz como uma nova fonte potencial de células competentes para regeneração de alta frequência em *Tylophora indica.* Chaudhuri *et al.* (2005) desenvolveram uma transformação eficiente de *Tylophora indica* com *Agrobacterium rhizogene* A4 e observaram o crescimento e a produtividade de Tylophorine em diferentes clones de raiz transformados. O meio de cultura também acumulou tilforina. Chaudhuri *et al.* (2006) estudaram os efeitos da transformação genética por *Agrobacterium rhizogenes* na produção de tilforina, um alcaloide fenantroindolizidina na *T. indica.* As raízes transformadas apresentaram um aumento da acumulação de biomassa (350-510% nas raízes e 200-320% nas plantas inteiras) e um aumento do teor de tiloforina (20-60%) nos rebentos, resultando num

aumento de 160-280% na produção de tiloforina em diferentes clones cultivados *in vitro.*
Gupta *et al.* (1984) estudaram o enraizamento de estacas de caule *de Tylophora indica.* Verificaram que, das 3 auxinas experimentadas, uma nativa, isto é, IAA, e 2 sintéticas, isto é, IBA e NAA, tanto o IBA como o NAA se revelaram muito eficazes no aumento da percentagem de enraizamento, do número de raízes e do comprimento das raízes em estacas de caule de *Tylophora indica.*
Investigou-se o carácter reprodutivo e a diversidade genética de uma espécie autógama de *Tylophora matsumurae* endémica das ilhas Ryukyu e da sua espécie progenitora *T. tanakae* (Yamashiro e Maki, 2005). Estimulantes alcalóides de oviposição para uma borboleta danaide, *Ideopsis similis* L., a partir de uma planta hospedeira, *Tylophora tanakae (Asclepiadaceae).* Foram identificados os produtos químicos que libertam a oviposição, por um alimentador de *Asclepiadaceae, Ideopsis similis, a partir* de uma planta hospedeira, Tylophora *tanakae. Uma* forte resposta positiva foi evocada por um extrato metanólico da planta, que provou conter múltiplos estimulantes (Hondas *et al.,* 1995).
Efeito tóxico: De acordo com Gupta *et al.* (1979), pode produzir alguns efeitos secundários como sonolência ou vertigens. Perda do gosto pelo sal, dor na boca, perturbação do estômago, náuseas e vómitos temporários são alguns outros efeitos secundários (Shivpuri *et al.,* 1969, 1972; Bone, 1996). Estudos preliminares mostram que o extrato de Tylophora só é tóxico em doses extremamente elevadas; estes extractos eram aparentemente seguros nas doses muito mais pequenas necessárias para produzir um efeito terapêutico (Dikshith *et al.,* 1990).

Componentes químicos:

O principal constituinte desta planta é o alcaloide Tylophorine que é responsável por uma forte ação anti-inflamatória (Gopalakrishnan et al., 1979) e a Tylophorinine presente. Os outros alcalóides incluem Tylophorinidine, Septicine e Isotylocrebrine.
Ratnagiriswaran e Venkatachalam (1935) tinham isolado dois alcalóides da planta *Tylophora asthmatica* Wight et Arn (syn. *Tylophora indica*), a tilforina e a tilophorinina, respetivamente C H O24274 N e C H O23274 N, que foram separados por cristalização fraccionada dos sais mistos. T.R. Govindachari separou estes alcalóides por cromatografia em alumina (Govindachari, 1954) e isolou também a tilforinidina (Mulchandani, 1971; Govindachari, 1974), a septicina e a isotilocrebrina.

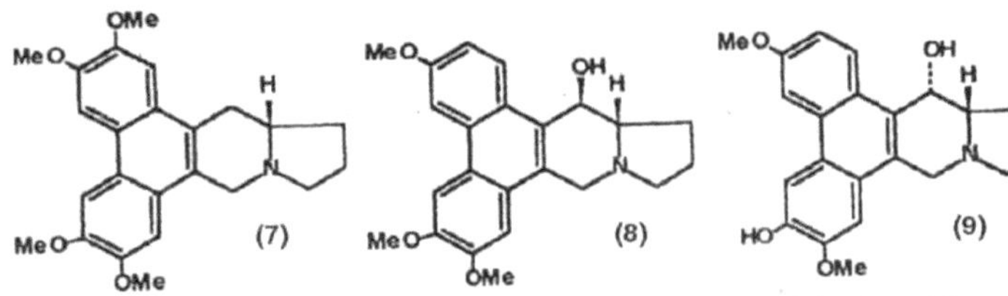

(7) Tylophorine (8) Tylophorinine (9) Tylophorinidine

Os flavonóides presentes são o kaempferol e a quercetina (Sandhu, 2005). Cinco alcalóides de fenantroindolizidina (PA) foram sintetizados quimicamente e sete foram isolados de *Tylophora atrofolliculata.* Para facilitar a futura conceção de fármacos de alcalóides de fenantroindolizidina como potenciais agentes antitumorais (Gao *et al.,* 2007).
Durante um reexame dos constituintes alcalóides da *Tylophora indica,* foram isolados três novos alcalóides (designados A, B e C). Os dados analíticos e espectrais indicam que estes alcalóides estão relacionados com a tilforina e a tilforinina, que também estão presentes na

planta. O alcaloide B revela-se uma desmetil-tiloforina e o alcaloide C revela-se uma desmetil-tiloforina. *A T. dalzellii* tem um teor relativamente baixo de alcalóides, sendo a desmetil-tildorinina o principal constituinte (Rao *et al.*, 1971).
Síntese total dos alcalóides de tylophora Cryptopleurine, (-) - Antofine, (-) - Tylophorine, e (-)-Ficuseptine C (Alois Frustner, 2007). Sete alcalóides raros e quatro conhecidos foram isolados de duas variedades de *Tylophora indica.* Os novos alcalóides incluem as tyloindicines A-E, (+)-14- hidroxiisotylocrebrine e 4, 6-desdimethyl isotylocrebrine. Os alcalóides conhecidos eram a tilforina, a 6-desmetiltildeforina, a tilforinidina e a 5-hidroxi-O-metiltildeforinidina (Ali e Bhutani, 1989).
Quatro novos alcalóides de fenantroindolizidina, as tylophoridicines C-F, juntamente com três conhecidos, R-(+)-deoxytylophorinidine, tylophorinine e tylophorinidine, foram isolados das raízes de *Tylophora atrofolliculata.* As estruturas foram determinadas com base em provas espectrais (Huang *et al.*, 2004).
Das folhas frescas de *Tylophora tanakae,* foram isolados dez alcalóides fenantroindolizina. Entre eles, oito eram novos alcalóides e as suas estruturas foram determinadas. Dois alcalóides conhecidos foram identificados como isotylocrebrine e tylophorine (Abe *et al.*, 1995). Três novos alcalóides (designados A, B e C) foram isolados de *Tylophora indica.* O alcaloide B demonstrou ser uma desmetil-tiloforina e o C demonstrou ser uma desmetil-tiloforina. *A T. dalzellii* tem um teor relativamente baixo de alcalóides, e a desmetil-tildorinina é o constituinte principal (Rao et al., 1971).
Os estudos estruturais dos seis alcalóides isolados de *Tylophora crebriflora* (N. O. Asclepiadacease) são aqui descritos. Os dados espectrais indicam que cinco destes alcalóides (A-E) possuem o esqueleto dibenzo \f *h*]-pirrolo [l,2b]isoquinolina conhecido por estar presente na tilocrebrina. Diferem no número, natureza e distribuição dos substituintes oxigenados e na presença ou ausência de um hidroxilo do tipo benzílico. Sugere-se um padrão de substituição de oxigénio de 3, 4, 6 e 7 para os alcalóides A, B e C e de 2, 3, 4, 6 e 7 para os alcalóides D e E. O alcaloide F é um análogo seco da tiltrebrina com um esqueleto de 1,2-difenil *cis* estilbeno (Rao, 1970).
A presente breve revisão da literatura revela que a família Asclepiadaceae em geral e *Tylophora indica* são espécies medicinais importantes. Os estudos de micropropagação e transformação de *T. indica* foram comunicados por vários laboratórios de investigação. No entanto, faltam relatórios sobre a sua cultura *in vitro* em meio líquido ou Growtek, um recipiente de cultura útil para a micropropagação.

Capítulo 3

MATERIAIS E MÉTODOS:

Os materiais e métodos utilizados para o presente inquérito foram os seguintes:

MATERIAIS:

1. Material vegetal:

Duas plantas de *Tylophora indica* foram obtidas de um fornecedor de plantas do estado de Kerala e plantadas numa estufa coberta com uma rede verde. Foram cortados rebentos novos das plantas e levados para o laboratório. Após um tratamento adequado, estes rebentos foram utilizados como explantes.

2. Artigos de vidro e produtos químicos:

Os artigos de vidro utilizados durante o inquérito eram de qualidade borossilicato, adquiridos à Borosil India (Pvt.) Limited. Todos os produtos químicos ou sais inorgânicos utilizados durante o inquérito eram de qualidade normalizada.

3. Meio de cultura:

No estudo, foram utilizados três tipos de meios, nomeadamente o meio de Murashige e Skoog (MS) (Murashige e Skoog, 1962), o meio SH (Schenk e Haberlandt, 1972) e o meio Woody Plant Medium (WPM) (Lloyd e McCown, 1980).

Composição química dos meios MS, SH e WPM:

Componentes	**Concentração no meio de cultura (mg/litro)**		
Principais nutrientes inorgânicos	**EM**	**SH**	**WPM**
KNO_3	1900	2500	
NH4NO3	1650		400
NH4H2PO4		300	
MgSO4-7H O_2	370	400	370
CaC12-2H2O	440	200	96
KH_2 PO_4	170		170
Nitrato de cálcio (Ca(NO3)2.4H2O)			556
Sulfato de potássio (K2SO4)			990

Oligoelementos			
MnSO -H O42		10.0	22.3
MnSO -4H O42	22.3		
KI	0.83	1.0	
H3BO3	6.2	5.0	6.2
ZnSO4-7H O_2	8.6	1.0	8.6
CuSO4-5H O_2	0.025	0.2	0.25
Na_2 MoO_4 -2H O_2	0.25	0.1	0.25
CoCl -6H O22	0.025	0.1	
Fonte de ferro			
FeSO4-7H O_2	27.8	15.0	27.8
Na_2 EDTA	37.3	20.0	37.3
Suplemento orgânico			
Ácido nicotínico	0.5	5.0	0.5
Piridoxina-HCl	0.5	0.5	
Tiamina-HCl	0.1	5.0	1.6

myo-Inositol	100	1000	100
Glicina	2.0		
Fonte de carbono			
Sacarose	30000	25000	20000
pH	5.8	5.8	5.6

Foram preparadas as seguintes soluções de reserva:

Solução de stock	Componentes	Conc. Da solução de reserva (gm / 250 ml)
A	Nitrato de amónio	20.675
B	Nitrato de potássio	23.750
C	Ácido bórico	0.31
	Fosfato de potássio	8.5
	Iodeto de potássio	0.0415
	Molibdato de sódio	0.0125
	Cloreto de cobalto	0.00125

D	Cloreto de cálcio	22.0
E	Sulfato de Manganês	1.115
	Sulfato de magnésio	18.5
	Sulfato de zinco	0.43
	Sulfato cúprico	0.00125
	EDTA dissódico	1.865
	Sulfato ferroso	1.39
	Vitaminas em stock	**mg/10 ml**
	Glicina	20
	Ácido nicotínico	10
	Piridoxina-HCl	10
	Tiamina-HCl	10

Solução final do meio MS:

Solução de stock	Volume (ml)
A.	20.0
B.	20.0
C.	5.0
D.	5.0
E.	5.0
F.	5.0
G.	1.0
H.	0.5
I.	0.5
J.	0.1

Para obter a solução final do meio MS, o volume de cada solução-mãe, 100 mg de mioinositol e 30 000 mg de sacarose foram colocados num balão volumétrico de 1000 ml e adicionou-se água bidestilada para perfazer o volume.

Capítulo 4
MÉTODOS

1. Explosivos:

Os segmentos nodais de *Tylophora indica* foram utilizados como explantes. Foram colhidos novos rebentos das plantas cultivadas em estufa. Os rebentos foram lavados em água corrente da torneira durante 15 minutos para remover as partículas de pó e colocados numa estufa laminar. Os segmentos nodais foram cortados dos rebentos, esterilizados à superfície com cloreto de mercúrio a 0,2% durante 15 minutos e lavados 4-5 vezes com água destilada dupla esterilizada para remover os microrganismos da superfície dos explantes. Os explantes foram finalmente cortados até um tamanho de 1,5 cm.

A. Esterilização de equipamentos e vidrarias:

A plataforma do exaustor laminar foi limpa com álcool etílico a 90% e a sua luz UV foi ligada durante 30 minutos antes de ser utilizada. Os fórceps, bisturis, tesouras, etc. foram embrulhados em papel e esterilizados numa panela de pressão durante 20 minutos. Antes de serem utilizados, foram mergulhados em álcool e esterilizados frequentemente na chama durante o trabalho.

B. Inoculação:

Cada segmento nodal com gema axilar foi cortado com 1,5 cm de comprimento e colocado assepticamente em meio MS, SH e WPM suplementado com a concentração de 0,5 mg/l de BAP e polivinilpirrolidona (25,0, 50,0 ou 100,0 mg/l) ou sulfato de adenina (25,0, 50,0 ou 100,0 mg/l).

C. Incubação:

Após a inoculação, as culturas foram incubadas a 26°C±2 sob um fotoperíodo de 16 horas de luz e 8 horas de escuridão, com uma intensidade luminosa de 1000-2000 lux fornecida por lâmpadas fluorescentes brancas frias.

D. Recipientes de cultura Growtek:

Transferência de rebentos iniciados para meio líquido em vasos de cultura Growtek para multiplicação: Após quatro semanas, os micro rebentos iniciados, que cresceram de forma saudável em meio semi-sólido, foram retirados e os segmentos nodais foram cortados e transferidos para o seu respetivo meio líquido (sem ágar) (mesma concentração de BAP e adjuvante) em vasos de cultura Growtek. O procedimento foi efectuado num fluxo de ar laminar. Em cada recipiente de cultura Growtek, foram transferidos 2-3 segmentos nodais em condições assépticas, dentro de um fluxo de ar laminar.

E. **Transferência de rebentos para enraizamento:**

Os micro rebentos obtidos de segmentos nodais após um mês em meio líquido foram transferidos para o meio semi-sólido suplementado com diferentes concentrações de BIA (0,02, 0,2 e 2,0 mg/l).

F. **Transferência de plantas para o endurecimento primário:**

Uma planta completa obtida após incubação em meio de enraizamento foi transferida para estufa ou para endurecimento primário. As plantas foram retiradas dos tubos de cultura com a ajuda de uma pinça. As plantas foram lavadas com água da torneira e o meio foi completamente separado, para prevenir as plantas de infecções microbianas que geralmente crescem no meio. As plantas foram tratadas com 0,5 g/l de fungicida de contacto (Dhanuka M-45 Mancojeb75% W.P) para prevenção adicional contra micróbios. Em seguida, foram lavadas com água da torneira. Para o endurecimento primário, o rito do solo foi autoclavado e preenchido com um formador de raízes. As plantas tratadas foram transferidas para o porta-enxertos e depois colocadas em estufa com 70% de humidade relativa.

G. **Transferência de plantas para endurecimento secundário:**

As plantas que sobreviveram na estufa foram transferidas para o campo no solo de outra estufa onde as plantas foram regadas manualmente a intervalos regulares.

H. **Observações e análise de dados:**

Cada experiência foi realizada com um controlo. Nas experiências efectuadas com meio semi-sólido, foram utilizados cinco réplicas em cada experiência e cada experiência foi repetida três vezes. A experiência efectuada com meio líquido em Growtek consistiu em três réplicas. As observações foram efectuadas após quatro semanas. Os dados foram recolhidos relativamente ao número de rebentos, comprimento dos rebentos, número de folhas e número de nós. Os dados foram analisados e apresentados numa tabela e num gráfico. Foram tiradas fotografias de resultados importantes, que estão incluídas nesta apresentação. A média e o padrão foram determinados.

Capítulo 5

RESULTADOS

O presente trabalho foi realizado para estudar os efeitos de três meios diferentes (viz. MS, SH e WPM), dois aditivos (viz. PVP e sulfato de adenina) no estabelecimento de explantes e meio líquido (em Growtek) na proliferação de rebentos de *Tylophora indica*. Durante o estudo, os dados foram registados de acordo com o programa apresentado nos materiais e métodos. Estes dados foram analisados, tabulados e são descritos resumidamente neste capítulo.

ESTABELECIMENTO DE EXPLANTES

Efeito do meio

Meio MS:

Os segmentos nodais foram inoculados em meio MS suplementado com 0,5mg/l de BAP e solidificado com 0,75% de ágar. Este meio serviu de controlo. Este meio foi suplementado com diferentes concentrações de PVP ou sulfato de adenina (AS). Os dados foram registados após 4 semanas. Os efeitos dos aditivos PVP e AS no número de rebentos, comprimento dos rebentos, número de folhas e número de nós foram os seguintes:

Efeito doPVP:

Três concentrações diferentes de PVP (25,0, 50,0 ou 100,0 mg/1) foram adicionadas ao meio MS suplementado com 0,5 mg/1 de BAP e solidificado com 0,75% de ágar (Tabela 1, Placa 2).

Indução de rebentos: O alongamento de brotos ocorreu em 60% dos explantes colocados em meio MS suplementado com 25,0 mg/1 PVP e 50,0 mg/1 PVP, enquanto os explantes em 100,0 mg/1 PVP e sem PVP mostraram 46,6% de alongamento de brotos.

Número de rebentos: Os segmentos nodais colocados em 25,0 e 50,0 mg/1 de PVP produziram um máximo de 3,0 ± 0,0 e 3,0 ± 0,88 rebentos por explante, respetivamente. O número de rebentos por explantes foi de 2,3 ± 0,57 e 2,3 ± 0,21 em meio contendo 100,0 e 0,0 mg/1 de PVP, respetivamente (Fig. 1).

Comprimento dos rebentos: O PVP promoveu o alongamento de rebentos em todas as concentrações. Observou-se um máximo de 2,58 ± 0,47 cm e 2,58 ± 0,35 cm de comprimento de rebento / rebento a 25,0 e 100,0 mg/I de PVP, respetivamente. Os comprimentos dos rebentos a 0,0 mg/1 de PVP e 50 mg/1 de PVP foram 1,11 ± 0,17 cm por rebento e 1,39 ± 0,2 cm por rebento, respetivamente (Fig. 2).

Número de folhas: O número máximo de folhas 8,0 ± 1,05 folhas / rebento foi contado em explantes colocados em 25,0 mg/l PVP. O menor número 3.5 ± 0.57 folhas / rebento foi contado em explantes com 50.0 mg/l PVP. No caso de 100,0 e 0,0 mg/l PVP, o número de folhas / rebento foi de 6,57 ± 0,84 e 3,71 ± 0,68, respetivamente (Fig. 3).

Número de nós: O número máximo de nós 3,88 nós / rebentos foi obtido com 25,0 mg/l de PVP. Em 0.0, 50.0 e 100.0 mg/l de PVP os nós / rebento foram 1.85 ± 0.34, 1.8 ± 0.26 e 3.28 ± 0.45, respetivamente (Fig. 4).

Os resultados sugerem que, em geral, o PVP a uma concentração de 25,0 mg/l em meio MS suplementado com 0,5 mg/l de BAP é a combinação mais adequada para o estabelecimento *in vitro* de segmentos nodais de *Tylophora indica.*

Efeito doAS:

Três concentrações diferentes de AS (25,0, 50,0 ou 100,0 mg/l) foram adicionadas ao meio MS suplementado com 0,5 mg/l de BAP e solidificado com 0,75% de ágar (Quadro 2, Placa 3).

Indução de rebentos: O meio suplementado com 0,5 mg/l de BAP e 100,0mg/l de AS induziu e iniciou a formação de rebentos em 80% dos explantes, enquanto 53,3% dos expiantes mostraram resposta no meio sem AS e 25 mg/1 AS. A iniciação do rebento ocorreu

em 73,3% das plantas expiantes em 50 mg/1 AS.
Número de rebentos: O número máximo de rebentos 4.33 ± 0.42 e 4.33 ± 0.57 rebentos por expiantes foram observados em expiantes colocados em 25.0 e 100.0 mg/1 AS; e em 50.0, 0.0 mg/1 AS, os comprimentos dos rebentos foram 3 ± 0.02 e 4 ± 0 cm por rebento, respetivamente (Fig. 1).
Comprimento dos rebentos: O melhor alongamento de rebentos (3,03 ± 0,53 cm de comprimento/ rebentos) foi obtido em explantes inoculados com 100,0 mg/l AS. No caso de 0,0 mg/l AS, o comprimento dos rebentos medido foi de 1,31 ± 0,30 cm de comprimento/ rebentos; e os alongamentos dos rebentos foram de 2,09 ± 0,26 cm e 1,09 + 0,007 cm por rebento em 25,0, 50,0 mg/l AS, respetivamente (Fig. 2).
Número de folhas: O número máximo de folhas foi de 6.3 ± 0.59 folhas/ rebentos com 100.0 mg/l AS, enquanto que apenas 4 ± 0.75 folhas/ rebentos foram contados com 0.0 mg/l de AS. Os números de folhas foram 4,92 ± 0,7 e 3,8 ± 0,7 folhas / rebentos em 25,0 e 50,0 mg/l de AS, respetivamente (Fig. 3).
Número de nós: O maior número de 3,38 ± 0,33 nós por rebento foi contado com 100 mg/l AS, e apenas 2 ± 0,37 nós/ rebentos foram observados com 0,0 mg/l AS. Os explantes mostraram 2,46 ± 0,35 e 2 ± 0,01 nós / rebentos em 25,0 e 50,0 mg/1 AS, respetivamente (Fig. 4).
Os resultados sugerem que, em geral, o AS a uma concentração de 100,0 mg/1 em meio MS suplementado com 0,5 mg/1 de BAP é a combinação mais adequada para o estabelecimento *in vitro* de segmentos nodais de *Tylophora indica.*
SH médio
Os expiantes nodais foram colocados em meio SH suplementado com 0,5 mg/1 de BAP e um dos dois aditivos, nomeadamente PVP (25,0, 50,0 ou 100,0 mg/1) ou AS (25,0, 50,0 ou 100,0 mg/1).
Efeito doPVP:
Três concentrações diferentes de PVP (25,0, 50,0 e 100,0 mg/1) foram adicionadas ao meio SH suplementado com 0,5 mg/1 de BAP e solidificado com 0,75% de ágar (Tabela 3, Placa 4).
Indução de gemas de rebentos: Observou-se 100% de iniciação de gemas em explantes colocados em SH com 0,5 mg/1 BAP e 25,0 mg/1 PVP; e 93,33% de resposta foi observada em 50,0 mg/1 PVP. A iniciação do rebento ocorreu em 40% e 66,6% dos explantes colocados em 0,0 e 100,0 mg/1 PVP, respetivamente.
Número de rebentos: Os segmentos nodais colocados em 25,0 e 50,0 mg/1 de PVP produziram um máximo de 6±0 e 4,66 ± 0,1523 rebentos por explante, respetivamente.
O número de rebentos por explante foi de 3,66 ± 0,62 e 3 ± 0 em meio contendo 100,0 e 0,0 mg/1 PVP, respetivamente (Fig. 5).
Comprimento do rebento: Os explantes em meio contendo 25,0, 50,0 mg/1 PVP apresentaram comprimentos de rebentos de 2,15 ± 0,49 e 2,02 ± 0,44 cm por rebento, respetivamente. O alongamento máximo do rebento (92,19 ± 0,46 cm por rebento) ocorreu em explantes colocados em meio com 100,0 mg/1 PVP, e o menor (1,85 ± 0,31 cm por rebento) em meio sem PVP (Fig. 6).
Número de folhas: Os meios com 25,0, 50,0 e 0,0 mg/1 PVP induziram 4,33 ± 0,84, 4,42 ± 0,98 e 3,66 ± 1,08 folhas por rebento, respetivamente. Em 100,0 mg/1 PVP, foram observadas 4,45 ± 1,17 folhas por rebento (Fig. 7).
Número de nós: O meio contendo 25.0, 50.0 e 100.0 mg/l PVP induziu 2.11 ± 0.47, 2.35 ± 0.53 e 2.18 ± 0.6 nós por rebento, respetivamente. O meio sem PVP induziu apenas 1,83 ± 0,54 nós por rebento (Fig.8).

Os resultados sugerem que, em geral, o PVP a uma concentração de 25,0 mg/1 em meio SH suplementado com 0,5 mg/1 de BAP é a combinação mais adequada para o estabelecimento *in vitro* de segmentos nodais de *Tylophora indica.*

Efeito doAS:

Três concentrações diferentes de AS (25,0, 50,0 ou 100,0 mg/1) foram adicionadas ao meio SH suplementado com 0,5 mg/1 de BAP e solidificado com 0,75% de ágar (Quadro 4, Placa 5).

Indução de rebentos: Os explantes em meio sem AS mostraram 40% de indução de rebentos, e 46,6% em 25,0 mg/l AS. O meio com 50,0 e 100,0 mg/1 de AS induziu botões de rebentos em 66,66% dos explantes.

Número de rebentos: O meio sem AS induziu 2,0 ± 0,4 rebentos/explantes. Os explantes colocados em meio com 25,0, 50,0 e 100,0 mg/1 de AS apresentaram 3,0± 1,2, 3,66 ± 0,96 e 3,33 ± 0,6 rebentos/explantes, respetivamente (Fig. 5).

Comprimento do rebento: A média do comprimento dos rebentos foi de 1,41 ± 0,29 por rebento em meio sem AS. Os rebentos mais longos (3,49 ± 0,64 cm por rebento) foram observados em explantes colocados em meio com 100,0 mg/1 AS. Em 25,0 e 50,0 mg/1 de AS, o comprimento dos rebentos foi de 1,7 ± 0,5 e 2,62 ± 0,38 cm por rebento, respetivamente (Fig. 6).

Número de folhas: O menor número de folhas 4,66 ± 0,84 folhas/parto foi observado em 0,0 mg/1 AS. Os meios com 25,0, 50,0 e 100,0 mg/1 induziram 5,2 ± 1,18, 6,66 ± 0,93 e 7,2 ± 1,23 folhas/parto, respetivamente (Fig. 7).

Número de nós: O número máximo de nós 3,8 ± 0,61 nós/ rebento foi observado em meio com 100,0 mg/1 AS, enquanto que 2,33 ± 0,4 nós/ rebentos foram registados em 0,0 mg/l AS. Os nós por rebento foram 2,5 ± 0,54 e 3,5 ± 0,52 em meio com 25,0 e 50,0 mg/1 de SAA, respetivamente (Fig. 8).

Os resultados sugerem que, em geral, o AS na concentração de 50,0 mg/1 em meio SH suplementado com 0,5 mg/1 de BAP é a combinação mais adequada para o estabelecimento *in vitro* de segmentos nodais de *Tylophora indica.*

WPM médio

Os explantes nodais foram colocados em meio SH suplementado com 0,5 mg/1 de BAP e um dos dois aditivos, nomeadamente polivinilpirrolidona (PVP) ou sulfato de adenina (AS).

Efeito doPVP: -

Três concentrações diferentes de PVP (25,0, 50,0 ou 100,0 mg/1) foram adicionadas ao meio WPM suplementado com 0,5 mg/1 de BAP e solidificado com 0,75% de ágar (Tabela 5, Placa 6).

Indução de rebentos de rebentos: A resposta mais alta de 80% foi observada em 100,0 mg/1 PVP com 0,5 mg/1 BAP. Os explantes colocados em meio com 0.0, 25.0, 50.0 e 0.0 mg/1 PVP mostraram 66.6, 60.0 e 73.3 por cento de resposta de indução de rebentos, respetivamente.

Número de rebentos: O número máximo de rebentos (4,33 ± 0,57 e 4,33 ± 0,69 por explante) foi observado em 100,0 e 50,0 mg/1 PVP, enquanto que 3,33 ± 0,48 e 4 ± 0,5 rebentos por explante foram registados em meios com 0,0 e 25,0 mg/1 PVP, respetivamente (Fig.9).

Comprimento do rebento: O maior comprimento de 3,03 ± 0,53cm por rebento foi observado em 100,0 mg/1 PVP, e o menor 1,23 ± 0,28cm por rebento foi registado em 0,0 mg/1 PVP. Os explantes colocados em meio com 25,0 e 50,0 mg/1 PVP apresentaram comprimentos de rebento de 1,98 ± 0,35cm e 2,65 ± 0,5cm por rebento, respetivamente (Fig. 10).

Número de folhas: O meio com 100,0 mg/1 de PVP induziu 6,3 ± 0,59 folhas por rebento,

enquanto que o meio sem PVP induziu 3,6 ± 0,65 folhas por rebento. O meio com 25,0 e 50 mg/1 de PVP induziu 4,66 ± 1,05 e 6,07 ±1,19 folhas/parto, respetivamente (Fig. 11).
Número de nós: O meio com 100,0 mg/1 de PVP induziu um máximo de 3,38 ± 0,33 nós por rebento. Os nós/galho foram 1.8 ± 0.32 no meio sem PVP. Os nós/parto foram 2,75 ± 0,42 e 3,3 + 0,54 no meio com 25,0 e 50,0 mg/1 PVP, respetivamente (Fig. 12).
Os resultados sugerem que, em geral, o PVP a uma concentração de 100,0 mg/1 em meio WPM suplementado com 0,5 mg/1 de BAP é a combinação mais adequada para o estabelecimento *in vitro* de segmentos nodais de *Tylophora indica.*

Efeito deAS

Três concentrações diferentes de AS (25,0, 50,0 e 100,0 mg/1) foram adicionadas ao meio WPM suplementado com 0,5 mg/1 de BAP e solidificado com 0,75% de ágar (Tabela 6, Placa 7).
Indução de brotos: A resposta máxima de 93,3% de indução foi observada em 100,0 mg/1 AS com 0,5 mg/1 BAP, enquanto que 13,3% de resposta foi observada no meio sem AS. Em 25,0 e 50,0 mg/1 AS, as respostas de indução de brotos foram 73,3 e 66,6%, respetivamente.
Número de rebentos: O máximo de 4,66 ± 0,15 brotos/explantes foi observado em 100,0 mg/1 AS, e apenas 1 ± 0 brotos/explantes foi encontrado no meio sem AS. O meio com 25,0 e 50,0 mg/1 de AS induziu 4 ± 0,5 e 3,66 ± 0,96 rebentos/explantes, respetivamente (Fig. 9).
Comprimento do rebento: O rebento mais longo (4,12 ± 0,63cm por rebento) foi registado em meio suplementado com 100,0 mg/1 AS. No meio sem AS, o comprimento do rebento registado foi de 1,55 ± 0,55cm por rebento. O meio com 25,0 e 50,0 mg/1 de AS induziu 3,1 ± 0,39cm e 2,58 ± 0,67cm de comprimento/parto, respetivamente (Fig. 10).
Número de folhas: O máximo de 8,85 ± 0,77 folhas por rebento foi observado no meio com 100,0 mg/1 AS. O meio sem AS induziu 5 ± 1 folhas por rebento. O meio com 25,0 e 50 mg/1 de AS induziu 5,66 ± 0,77 e 4,33 ±1,3 folhas por rebento, respetivamente (Fig. 11).
Número de nós: Foram contados no máximo 4,57 ± 0,35 nós/ rebento no meio com 100,0 mg/I AS e o mínimo 2,5 ± 0,5 nós/ rebento no meio 0,0 mg/1 AS. O meio suplementado com 25.0 e 50.0 mg/1 AS induziu 3.16 ± 0.38 e 2.91 ± 0.75 nós/ rebentos, respetivamente (Fig. 12).
Os resultados sugerem que, em geral, o PVP a uma concentração de 100,0 mg/1 em meio WPM suplementado com 0,5 mg/1 de BAP é a combinação mais adequada para o estabelecimento *in vitro* de segmentos nodais de *Tylophora indica.*

PROLIFERAÇÃO DE REBENTOS

Meio WPM em recipientes de cultura Growtek

Nesta experiência, os micro rebentos crescidos a partir de explantes originais no meio de estabelecimento de explantes foram cortados e transferidos para vasos de cultura Growtek contendo meio líquido WPM.

Efeito doPVP

Três concentrações diferentes de PVP (25,0, 50,0 ou 100,0 mg/1) foram adicionadas ao meio WPM suplementado com 0,5 mg/1 de BAP e solidificado com ágar 0,75% (Tabela 7, Placa 8).
Número de rebentos: Os micro-nós colocados em WPM suplementado com 0.5 mg / 1 BAP e 25.0 e 50.0 mg/1 PVP não mostraram qualquer alongamento de rebentos. Os explantes em 100,0 mg/1 PVP mostraram 3 ± 0 rebentos por explante (micro-nó) (Fig.13).
Comprimento do rebento: O comprimento por rebento foi de 1,4 ± 0,3 cm em meio contendo 100,0 mg/1 de PVP (Fig. 14).
Número de folhas: As folhas por rebento foram 4 ± 1,03 em meio contendo 100,0 mg/1 PVP (Fig. 15).

Número de nós: Os nós foram 2,16 ± 0,47 por rebento em 100 mg/1 PVP (Fig. 16)
O meio WPM suplementado com 0,5 mg/1 BAP e 100 mg/1 PVP induziu 3,0 rebentos por explante com 1,4 cm de comprimento por micro rebento e 4,0 nós por micro rebentos.

Efeito doAS:

Três concentrações diferentes de AS (25,0, 50,0 ou 100,0 mg/1) foram adicionadas ao meio WPM suplementado com 0,5 mg/1 de BAP e solidificado com 0,75% de ágar (Tabela 8, Placa 9).

Número de rebentos: O meio suplementado com 100,0mg/l AS induziu o número máximo de rebentos (3 ± 0 rebentos por explante); o meio com 50,0 induziu 1,5 ± 0,4 rebentos por explante; e o meio com 25,0 mg/1 AS não induziu rebentos nos explantes (Fig. 13).

Comprimento do rebento: O comprimento dos rebentos foi de 2,23 ± 0,53 e 1,4 ± 0,3cm por micro rebento em 50,0 e 100,0 mg/1 de SAA, respetivamente (Fig.14).

Número de folhas: O máximo de folhas (6 ± 2,3 folhas por micro rebento) foi observado em meio com 50,0 mg/1 AS e 4 ± 1,03 folhas por micro rebento em 100,0 mg/1 AS (Fig. 15).

Número de nós: O meio suplementado com 50,0 e 100,0 mg/1 AS mostrou 3,0 ±1,15 e 2,16± 0,47 nós por micro rebentos, respetivamente (Fig. 16).

Em geral, o meio WPM suplementado com 0,5 mg/1 de BAP e 100 mg/1 de AS é o melhor para a proliferação de rebentos.

ENRAIZAMENTO EM MICRO REBENTOS

Meio MS

Os rebentos obtidos na fase de estabelecimento em meio semi-sólido foram transferidos para o meio MS semi-sólido suplementado com diferentes concentrações de IBA para enraizamento.

Efeito doIBA

O meio MS foi suplementado com três concentrações diferentes de ácido indole-butírico (0,02, 0,2 ou 2,0 mg/l) (Quadro 9).

Número de raízes: Um máximo de 2,5 ± 0,31 raízes por micro rebentos foi obtido com 0,2 mg/l deIBA, enquanto que 2 ± 0 e 2,33 ±0,21 raízes por micro rebentos foram obtidos com 0,02 e 2,0 mg/l deIBA, respetivamente.

Comprimento da raiz: Com 0,02, 0,2 e 2,0 mg/l de IBA o comprimento da raiz por raiz foi de 1,22 ±0,13, 1,66 ± 0,23 e 1,37 ± 0,17cm, respetivamente.

Os resultados sugerem que o IBA a uma concentração de 0,2 mg/l em meio MS foi adequado para o enraizamento de micro rebentos de *Tylophora indica.*

SH médio

Os rebentos obtidos na fase de estabelecimento em meio semi-sólido foram transferidos para o meio semi-sólido SH suplementado com diferentes concentrações de IBA para enraizamento.

Efeito doIBA

O meio SH foi suplementado com três concentrações diferentes de ácido indole-butírico (0,02, 0,2 ou 2,0 mg/l) (Quadro 9, Placa 10).

Número de raízes: Os micro rebentos em meio com 0,02, 0,2 e 2 mg/l de IBA induziram 1 ± 0, 2,5 ± 0,31 e 4,2 ± 0,41 raízes por micro rebento, respetivamente. O número máximo de raízes foi observado com 2,0 mg/l de IBA.

Comprimento da raiz: Os maiores comprimentos de raiz 1.22 ± 0.14 foram observados em 2.0 mg/l de IBA. Em 0.2 e 0.02 mg/l de IBA, os comprimentos de raiz foram 1.26 ± 0.32 e 0.8 ± 0.4 respetivamente.

Os resultados sugerem que o IBA a uma concentração de 2,0 mg/l no meio SH foi adequado para o enraizamento de micro rebentos de *Tylophora indica.*

WPM médio

Os rebentos obtidos na fase de estabelecimento em meio semi-sólido foram transferidos para o meio semi-sólido WPM suplementado com diferentes concentrações de IBA para enraizamento.

Efeito doIBA

O meio WPM foi suplementado com três concentrações diferentes de ácido indole-butírico (0,02, 0,2 ou 2,0 mg/l) (Quadro 9).

Número de raízes: O número máximo de raízes 4,5 ± 0,3 foi obtido com 2,0 mg/l de IBA, enquanto 2±0 com 0,2 mg/l e 0±0 com 0,02 mg/l de IBA.

Comprimento da raiz: o comprimento da raiz com 2,0, 0,2 e 0,02 mg/l deIBA foi de 1,98 ± 0,25, 0,25 ± 0,05 e 0± 0, respetivamente.

Os resultados sugerem que o IBA a uma concentração de 2,0 mg/1 no meio SH foi adequado para o enraizamento de micro rebentos de *Tylophora indica.*

ENDURECIMENTO DE PLÂNTULAS

Todas as plantas de cultura de tecidos foram lavadas em água para remover o ágar, tratadas com fungicida (Dhanuka M-45 Mancojeb75% W.P) e transferidas para o recipiente de raízes preenchido com rito de solo. Os recipientes foram colocados em estufa. Todas as plantas sobreviveram na estufa, após 10 dias (dados não fornecidos) (Placa 11).

Quadro 1: Efeito do meio MS e PVP no estabelecimento de expiantes nodais

MS+0,5 mg/l BAP+ PVP(mg/l)	Resposta do início da brotação (%)	Rebentos por explante Média ± SE	Comprimento do rebento por rebento Média ± SE	Folhas por rebento Média ± SE	Nós por rebento Média ± SE
0.0	46.6	2.3±0.21	1.11±0.17	3.71±0.68	1.85±0.34
25.0	60.0	3±0	2.58 ± 0.47	8±1.05	3.88±0.58
50.0	60.0	3±0.88	1.39±0.2	3.5±0.57	1.8±0.26
100.0	46.6	2.33±0.57	2.58±0.35	6.57±0.84	3.28 ± 0.47

Quadro 2: Efeito do meio MS e AS no estabelecimento de expiantes nodais

MS + 0,5 mg/l BAP+ AS (mg/l)	Resposta do início da brotação (%)	Rebentos por explante Média ± SE	Comprimento do rebento por rebento Média ± SE	Folhas por rebento Média ± SE	Nós por rebento Média ± SE
0.0	53.3	4±0	1.31±0.30	4±0.75	2±0.37

25.0	73.3	4.33 ± 0.42	2.09 ± 0.26	4.92 ± 0.7	2.46±0.35
50.0	53.3	3 ± 0.02	1.09± 0.007	3.8±0.7	2±0.01
100.0	80.0	4.33 ± 0.57	3.03±0.53	6.3±0.59	3.38±0.33

Quadro 3: Efeito do meio SH e PVP no estabelecimento de expiantes nodais

SH + 0,5 mg/l BAP+ PVP (mg/l)	Resposta do início da brotação (%)	Rebentos por explante Média ± SE	Comprimento do rebento por rebento Média ± SE	Folhas por rebento Média ± SE	Nós por rebento Média ± SE
0.0	40.0	3±0	1.85±0.31	3.66±1.08	1.83±0.54
25.0	100	6 ± 0.23	2.15±0.49	4.33 ± 0.84	2.11±0.47
50.0	93.33	4.66±0.15	2.02 ± 0.44	4.42 ± 0.98	2.35±0.53
100.0	66.66	3.66±0.62	2.19±0.46	4.45±1.17	2.18±0.6

Quadro 4: Efeito do meio SH e AS no estabelecimento de expiantes nodais

SH + 0,5 mg/l BAP+ AS (mg/l)	Resposta do início da brotação (%)	Rebentos por explante Média ± SE	Comprimento do rebento por rebento Média ± SE	Folhas por rebento Média ± SE	Nós por rebento Média ± SE
0.0	40.0	2±0.4	1.41±0.29	4.66 ± 0.84	2.33 ± 0.42
25.0	46.6	3±1.2	1.7±0.5	5.2±1.18	2.5 ±0.54
50.0	66.66	3.66±0.96	2.62±0.38	6.66 ± 0.93	3.5±0.52
100.0	66.66	3.33±0.65	3.49±0.64	7.2±1.23	3.8±0.61

Tabela 5: Efeito do meio WPM e PVP no estabelecimento de expiantes nodais

WPM + 0,5 mg/l BAP+ PVP (mg/l)	Resposta do início da brotação (%)	Rebentos por explante Média ± SE	Comprimento do rebento por rebento Média ± SE	Folhas por rebento Média ± SE	Nós por rebento Média ± SE
0.0	66.6	3.33±0.48	1.23±0.28	3.6±0.65	1.8±0.32
25.0	60.0	4±0.5	1.98±0.35	4.66±1.05	2.75 ± 0.42
50.0	73.3	4.33±0.69	2.65±0.5	6.07±1.19	3.3±0.54
100.0	80.0	4.33±0.57	3.03±0.53	6.3±0.59	3.38±0.33

Tabela 6: Efeito do meio WPM e AS no estabelecimento de expiantes nodais

WPM + 0,5 mg/l BAP+ AS (mg/l)	Resposta do início da brotação (%)	Rebentos por explante Média + SE	Comprimento do rebento por rebento Média + SE	Folhas por rebento Média + SE	Nós por rebento Média + SE
0.0	13.3	1 + 0	1.55 + 0.55	5+1	2.5 + 0.5
25.0	73.3	4 + 0.5	3.1+0.39	5.66 + 0.77	3.16 + 0.38
50.0	66.6	3.66 + 0.96	2.58 + 0.67	4.33+1.3	2.91 + 0.75
100.0	93.3	4.66 + 0.15	4.12 + 0.63	8.85 + 0.77	4.57 + 0.35

Tabela 7: Proliferação de rebentos em vasos Growtek contendo WPM e PVP

WPM + 0,5 (mg/l) BAP+ PVP	N.º de explantes	Rebentos por explante Média + SE	Comprimento do rebento por rebento Média + SE	Folhas por rebento Média + SE	Nós por rebento Média + SE

25	4	0 + 0	0 + 0	0 + 0	0 + 0
50	4	0 + 0	0 + 0	0 + 0	0 + 0
100	4	3 + 0	1.4 + 0.3	4+1.03	2.16 + 0.47

Quadro 8: Proliferação de rebentos em vasos Growtek contendo WPM e SH

WPM + 0,5 (mg/l) BAP+ AS	N.º de explantes	Rebentos por explante Média ± SE	Comprimento do rebento por rebento Média ± SE	Folhas por rebento Média ± SE	Nós por rebento Média ± SE
25	4	0±0	0±0	0±0	0±0
50	4	1.5±0.4	2.23 ± 0.53	6±2.3	3±1.15
100	4	3±0	1.4±0.3	4±1.03	2.16±0.47

Tabela 9: Efeito do meio e do IBA no enraizamento de micro rebentos

Médio	EM		SH		WPM	
IBA g$^{(ml)}$	Número de raízes Média ± SE	Comprimento da raiz (cm) Média ± SE	Número de raízes Média ± SE	Comprimento da raiz (cm) Média ± SE	Número de raízes Média ± SE	Comprimento da raiz (cm) Média ± SE
0.02	2±0	1.22± 0.13	1 ±0	0.8 ± 0.4	0±0	0±0
0.2	2.5±0.31	1.66 ±0.23	2.5±0.31	1.26± 0.32	2±0	0.25± 0.05
2.0	2.33± 0.21	1.37± 0.17	4.2±0.41	1.22± 0.14	4.5±0.3	1.98± 0.25

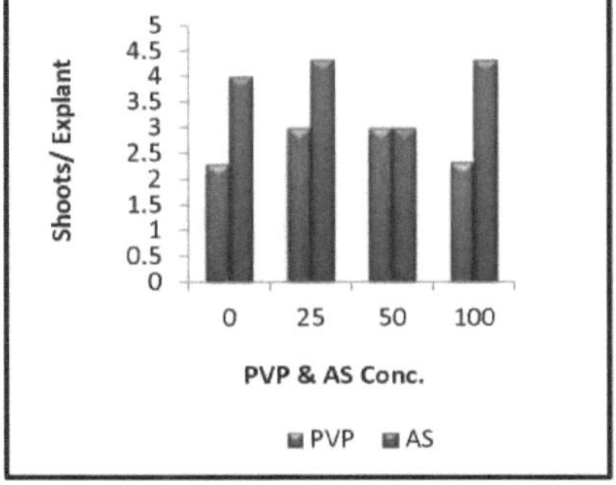

Fig.1: Effect of MS medium, PVP & AS on Shoot No.

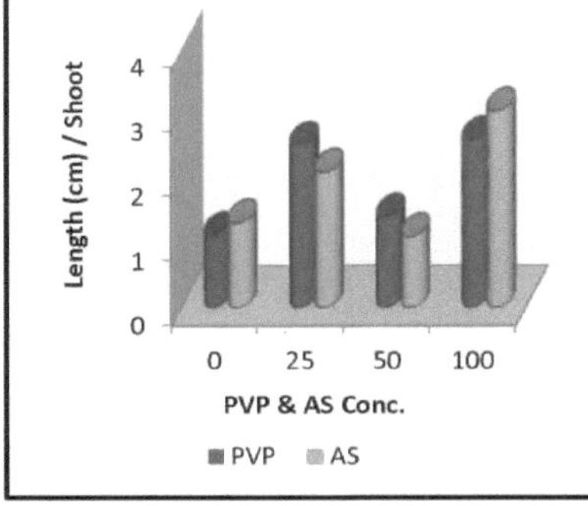

Fig 2: Effect of MS medium, PVP & AS on Shoot Length

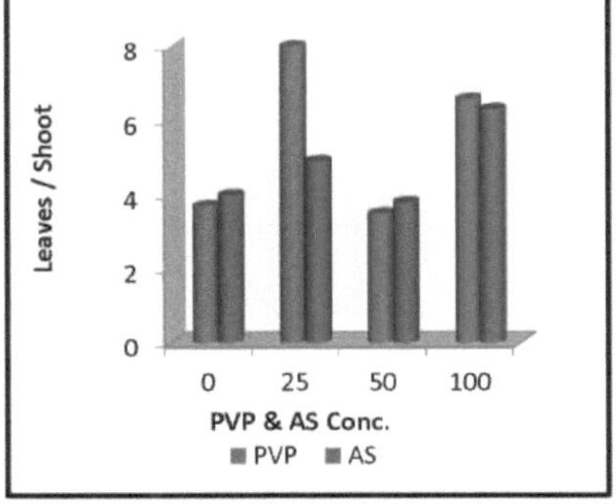

Fig 3: Effect of MS medium, PVP & AS on Leaf No

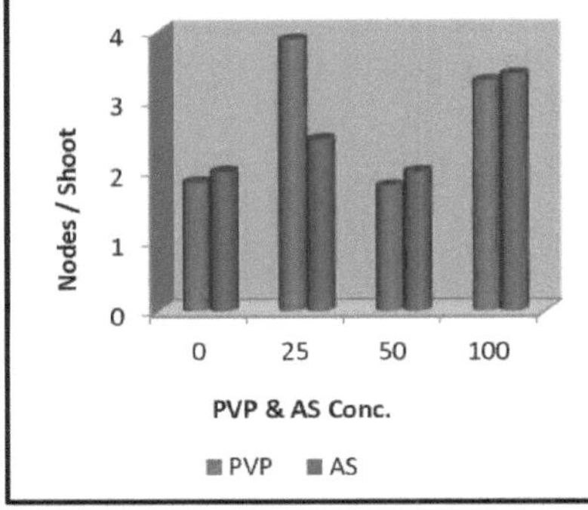

Fig 4: Effect of MS medium, PVP & AS on Node No

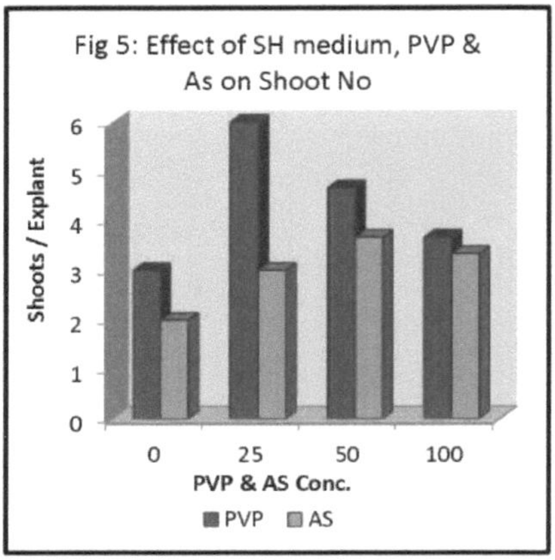

Fig 5: Effect of SH medium, PVP & As on Shoot No

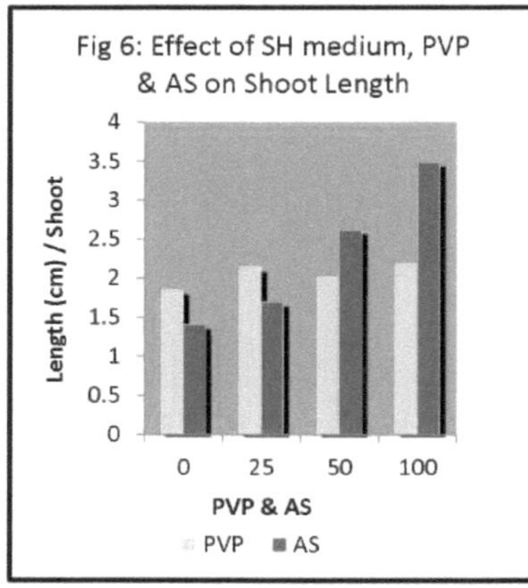

Fig 6: Effect of SH medium, PVP & AS on Shoot Length

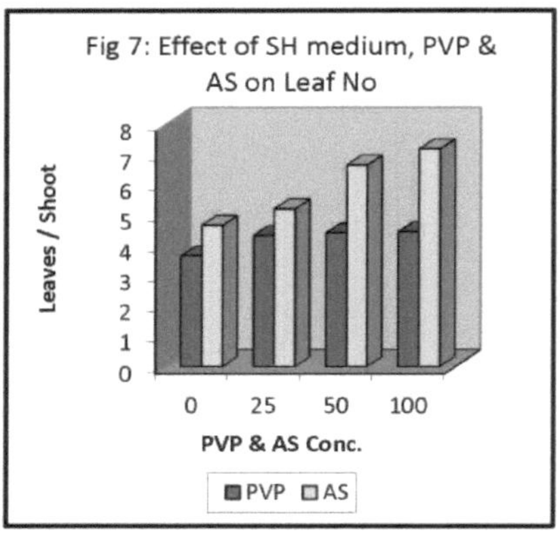

Fig 7: Effect of SH medium, PVP & AS on Leaf No

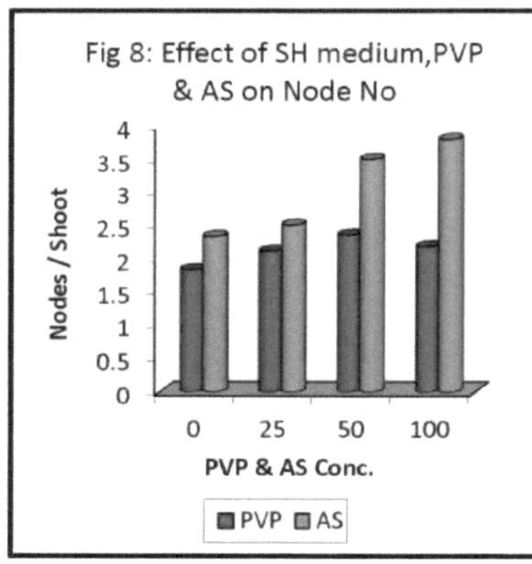

Fig 8: Effect of SH medium,PVP & AS on Node No

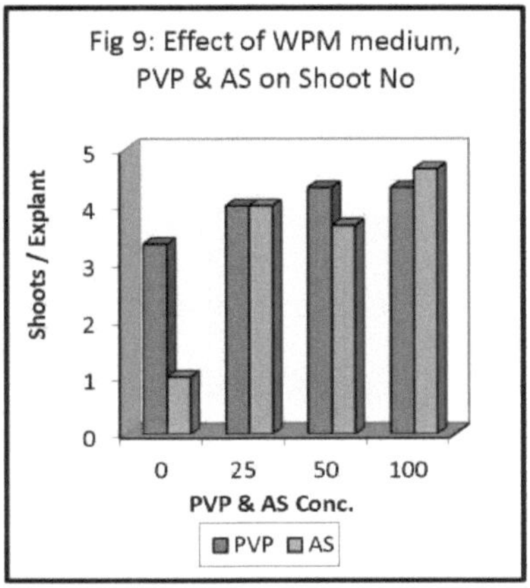
Fig 9: Effect of WPM medium, PVP & AS on Shoot No
Shoots / Explant
0
1
2
3
4
5
0
25
50
100
PVP & AS Conc.
PVP
AS

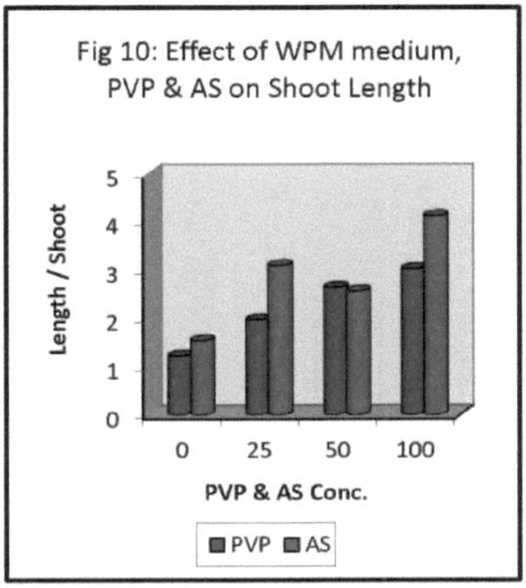
Fig 10: Effect of WPM medium, PVP & AS on Shoot Length
Length / Shoot
0
1
2
3
4
5
0
25
50
100
PVP & AS Conc.
PVP
AS

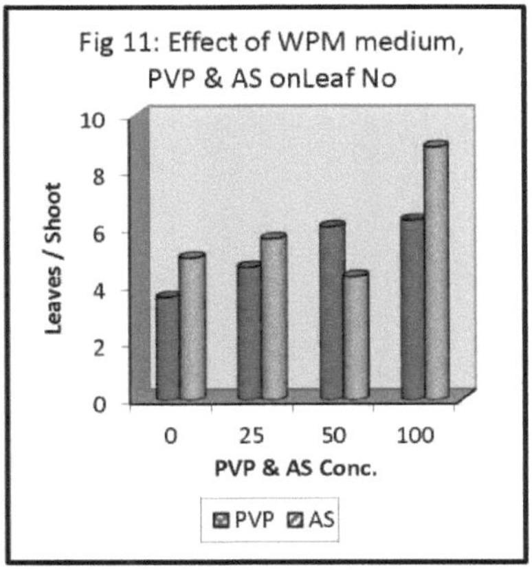
Fig 11: Effect of WPM medium, PVP & AS onLeaf No
Leaves / Shoot
0
2
4
6
8
10
0
25
50
100
PVP & AS Conc.
PVP
AS

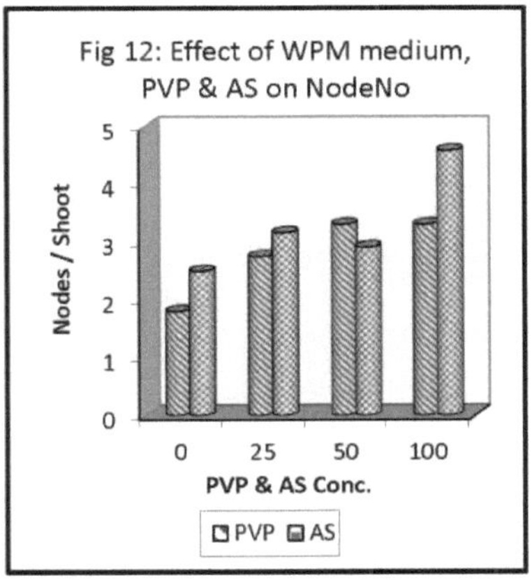
Fig 12: Effect of WPM medium, PVP & AS on NodeNo
Nodes / Shoot
0
1
2
3
4
5
0
25
50
100
PVP & AS Conc.
PVP
AS

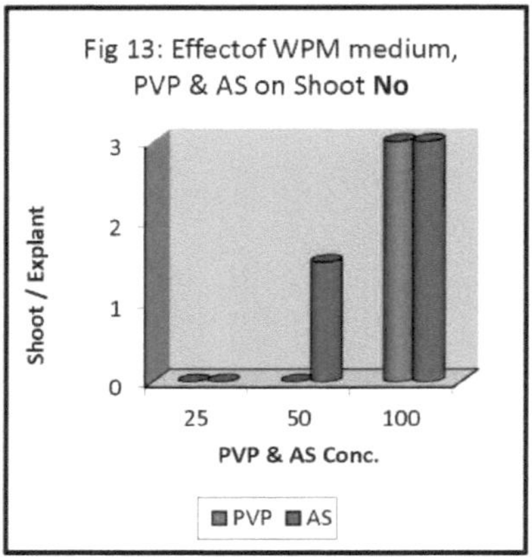
Fig 13: Effectof WPM medium, PVP & AS on Shoot **No**
Shoot / Explant
0
1
2
3
25
50
100
PVP & AS Conc.
PVP
AS

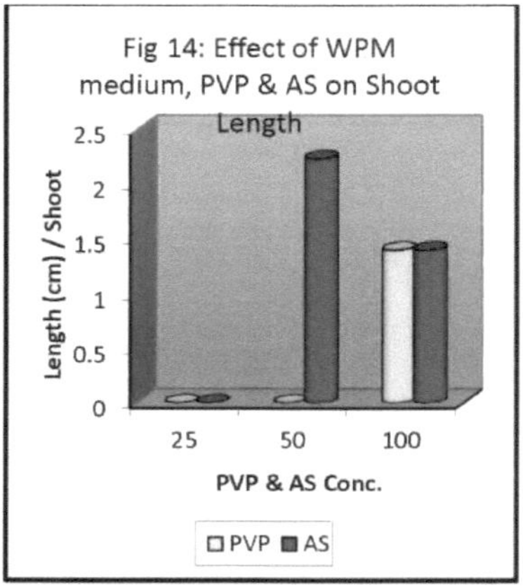
Fig 14: Effect of WPM medium, PVP & AS on Shoot Length
Length (cm) / Shoot
0
0.5
1
1.5
2
2.5
25
50
100
PVP & AS Conc.
PVP
AS

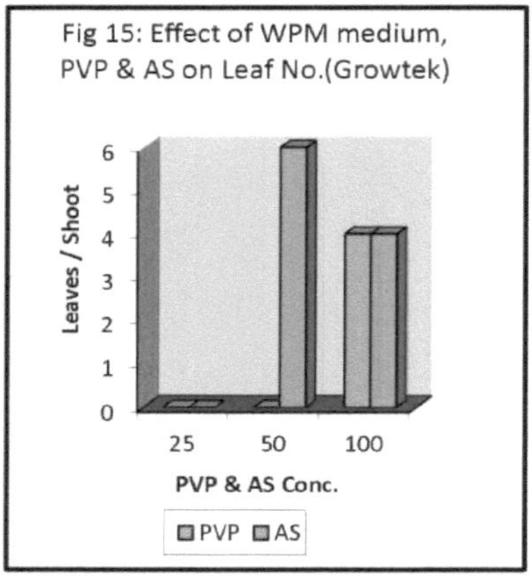
Fig 15: Effect of WPM medium, PVP & AS on Leaf No.(Growtek)
Leaves / Shoot
0
1
2
3
4
5
6
25
50
100
PVP & AS Conc.
PVP
AS

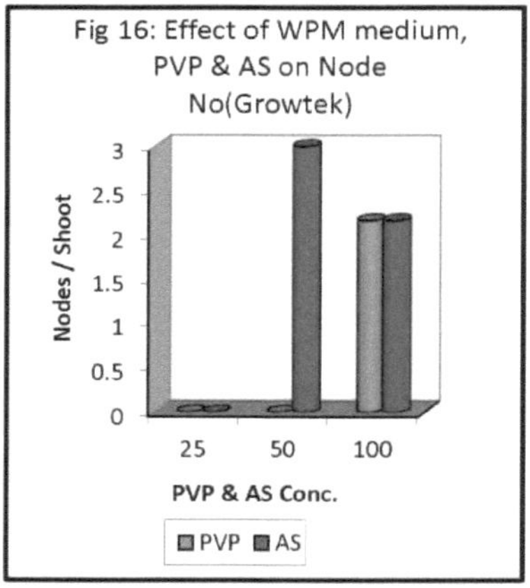
Fig 16: Effect of WPM medium, PVP & AS on Node No(Growtek)
Nodes / Shoot
0
0.5
1
1.5
2
2.5
3
25
50
100
PVP & AS Conc.
PVP
AS

Placa 1: Uma planta *de Tylophora indica* em estufa

Placa 2: MS com PVP

Placa 3: EM com AS

Placa 4: SH com PVP

Placa 5: SH com AS

Placa 6: WPM com PVP

Placa 7: WPM com AS

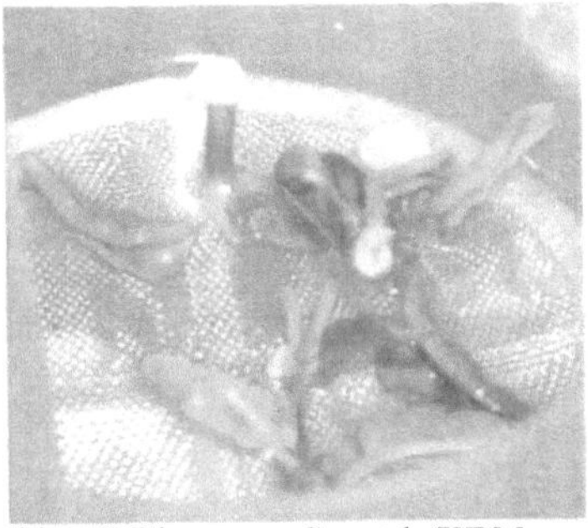

Placa 8: Plantas em Growtek (WPM com PVP)

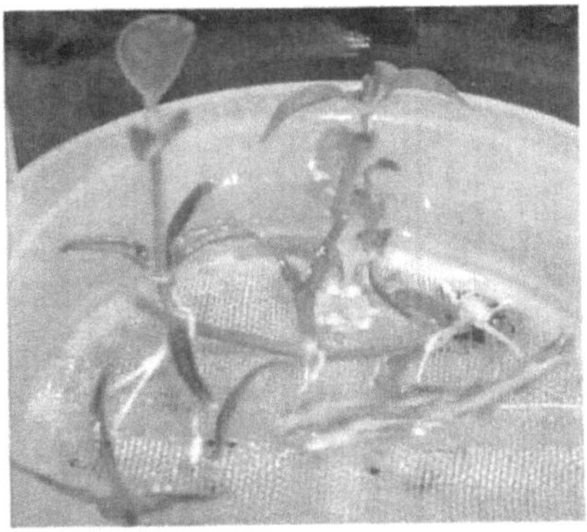

Placa 9: Plantas em Growtek (WPM com AS)

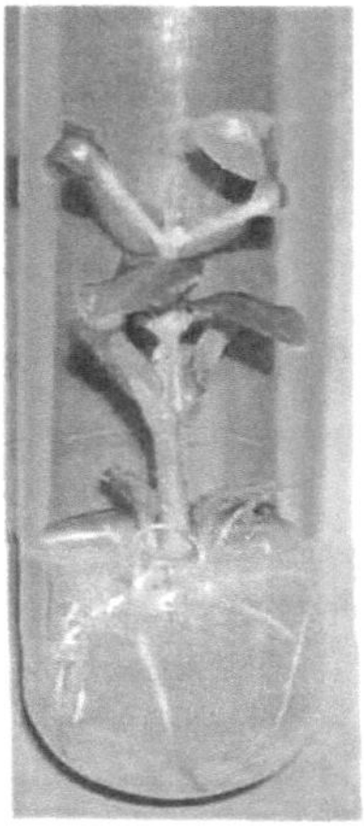

Placa 10: SH com 2mg/l IBA

Placa 11: Plantas em estufa

Capítulo 6

DISCUSSÃO

As plantas são a necessidade básica da nossa vida quotidiana, direta ou indiretamente. As plantas são a principal fonte de alimento para todos os animais e para os seres humanos. As plantas são utilizadas como alimento, forragem, forragem, para fins comerciais, combustível e medicamentos. *A Tylophora indica* (*Asclepiadaceae* syn. *T. asthmatica*) é uma espécie de planta medicinal. Trata-se de uma trepadeira. Toda a planta é importante do ponto de vista medicinal. Os principais alcalóides encontrados nesta planta são a tilforina, a tilforinina e a tilforinidina.

I. Na Ayurveda, *a Tylophora* é utilizada como medicamento. A raiz é acre, o sumo é misturado com leite e é administrado como tóxico (Subramaniam).
J. A pasta de folhas é administrada para induzir a granulação saudável, aplicada em úlceras e feridas não saudáveis (Subramaniam).
K. As folhas moídas com cebola e pimenta preta são tomadas por via oral para curar a asma (Rosakutty *et al.*)
L. Planta inteira moída com caule de *Cissus qudrangularis*, raízes de *Balanites roxburghii*, curcuma, pimenta longa e alho administrados por via oral para curar o carbúnculo (Reddy e Venkat Raju).
S. Folhas moídas com as de *Tinospora cardifolia* e leite de cabra, administradas por via oral em caso de picada de inseto (Reddy e Venkat Raju).
T. Folhas moídas com caule de *Cissus qudrangularis*, raízes de *Balanites roxburghii*, *Asparagus racemosa*, gengibre e sal comum, administradas por via oral para curar a timpania (Reddy e Venkat Raju).
U. Meia colher de chá de uma infusão das raízes induz o vómito nas crianças que não conseguem expelir o catarro depois de tossir (Dastur, 1962).

A cultura de tecidos é basicamente definida como o crescimento *in vitro* de plântulas a partir de qualquer parte das plantas num meio de cultura nutritivo adequado. A propagação *in vitro* de plantas é também conhecida como micropropagação. Murashige (1974) desenvolveu o conceito de fases de desenvolvimento para a micropropagação. Fase I: estabelecimento de explantes; Fase II: multiplicação de propágulos; e Fase III: enraizamento e endurecimento para plantação no solo. A micropropagação foi ainda dividida em quatro fases de desenvolvimento: Fase I, iniciação de culturas assépticas: fase 2, multiplicação: fase 3, enraizamento de raízes formadas in vitro: e fase 4, transferência de plantas para condições de estufa ou de campo (Bhojwani & Razdan, 1996).

A multiplicação de propágulos é a fase mais crucial para a propagação comercial de plantas. Uma taxa de multiplicação elevada na fase de proliferação reduz o custo unitário das plantas de cultura de tecidos. Neste estudo, foi utilizado meio líquido na fase de multiplicação de rebentos. Sendo uma importante espécie de planta medicinal, *a T. indica* tem sido amplamente estudada para a sua propagação e transformação *in vitro*. No entanto, faltam relatórios sobre a proliferação de rebentos em meio líquido. A breve revisão da literatura revela que a maioria dos autores utilizou o meio MS para estudos de propagação *in vitro* e que a influência do meio SH ou WPM não foi registada. Da mesma forma, a *influência* dos aditivos polivinilpirrolidona (PVP) e sulfato de adenina (AS) no estabelecimento de explantes e na proliferação de rebentos também não foi relatada.

As plantas são totipotentes na natureza (Haberlandt, 1902). A técnica de cultura de tecidos vegetais utiliza esta vantagem. Uma célula, tecido ou qualquer órgão é utilizado para obter uma planta completa em condições *in vitro*. O meio nutritivo artificial é fornecido aos explantes e estes proliferam para formar uma planta inteira. A taxa de proliferação depende dos nutrientes, da temperatura, do pH, da humidade, da luz e das condições ambientais. O número de plantas obtidas a partir de uma parte da planta depende da taxa de proliferação. São diretamente proporcionais entre si. É possível obter um grande número de plantas aumentando a taxa de proliferação.

O meio fornece nutrientes aos explantes. Na presente experiência foram utilizados três meios. Foram eles o MS, o SH e o WPM. Estes meios são muito utilizados para a micropropagação. O meio MS tem sido utilizado pela maioria dos trabalhadores para a propagação in vitro de *Tylophora indica.*

Os adjuvantes utilizados foram o PVP e o AS em três concentrações e um controlo. O PVP actua como um adsorvente e o AS, um precursor da citocinina. Melhoraram o crescimento *in vitro* na fase de estabelecimento de explantes e na fase de proliferação de rebentos. Parece que o PVP adsorve algum inibidor e liberta os rebentos dos efeitos inibitórios. Do mesmo modo, a presença de sulfato de adenina aumentou o crescimento, o que pode ser atribuído à procura de citocinina pelos rebentos em crescimento. Neste estudo, o WPM parece ser o meio mais adequado para a fase de estabelecimento de explantes, o que pode ser devido à baixa concentração de iões exigida pelos rebentos em crescimento ou à baixa concentração do WPM.

Os meios líquidos são ideais na micropropagação para reduzir os custos de produção de plântulas e para a automatização (Debergh, 1988; Aitken-christie, 1991). De facto, o sistema de cultura em meio líquido pode proporcionar condições de cultura muito mais uniformes, o meio pode ser facilmente renovado sem mudar o recipiente, a esterilização é possível por microfiltração e a limpeza do recipiente após um período de cultura é muito mais fácil (Etienne e Berthouly, 2002). Em comparação com a cultura em meios semi-sólidos, pode ser utilizado um recipiente muito maior e o tempo de transferência pode ser reduzido (Etienne e Berthouly, 2002).

O Growtek tem sido utilizado para a fase de multiplicação em meio líquido. Os Growtek ou bioreactores são recipientes concebidos para a cultura de células, tecidos e órgãos vegetais. O recipiente utilizado tem um corpo de policarbonato transparente. O recipiente utilizado tem um corpo de policarbonato transparente, que permite uma iluminação adequada do órgão de tecido. No recipiente, existe um tubo lateral que se estende para o exterior, para mudança de meio, arejamento e controlo. No interior do growtek, existe uma rede flutuante que serve para manter os explantes e mantém os tecidos em contacto com o meio. A taxa de crescimento melhora devido ao aumento da absorção de nutrientes e de oxigénio (o produto é comercializado por M/S Tarsons Products, Calcutá). O Growtek é um bioreactor de baixo custo (Dey, 2005). Neste estudo, os recipientes de cultura Growtek foram utilizados na fase de proliferação de rebentos e estes recipientes de cultura foram considerados satisfatórios para a fase de proliferação de rebentos.

Todos os três meios contendo IBA foram considerados adequados para a iniciação de raízes. No entanto, o melhor enraizamento foi observado no meio SH suplementado com 2,0 mg/l IBA. Esta observação sugere que as necessidades químicas das plantas in vitro diferem consoante a fase de desenvolvimento.

Conclui-se que o WPM com 0,5 mg/l de BAP, PVP ou AS aumenta o número de rebentos e o crescimento dos rebentos durante a fase de estabelecimento dos explantes.

A utilização de meio líquido em Growtek foi considerada satisfatória. O crescimento dos rebentos e a indução de novos rebentos ocorreram sem hiper-hidricidade dos rebentos.

O meio SH com 2,0 mg/lm de IBA foi considerado adequado para a iniciação das raízes.

As plantas cultivadas em cultura de tecidos sobreviveram 10 dias após a sua transferência para a estufa.

RESUMO E CONCLUSÃO

Tylophora indica (família - Asclepiadaceae) é um arbusto trepador lenhoso perene. As suas folhas são ovado-oblongas a elíptico-oblongas. As flores são minúsculas em cimeiras axilares umbeladas. Distribui-se em planícies, florestas e encostas montanhosas. É vulgarmente conhecida como *ipecacuanha indiana. A T. indica (syn. T. asthmatica)* é uma planta medicinal importante. É amplamente utilizada para o tratamento da asma, bronquite, reumatismo, problemas respiratórios e tosse convulsa. Possui propriedades eméticas, estimulantes, catárticas e purgativas. As suas propriedades medicinais devem-se à presença de alcalóides e flavonóides. A planta inteira é utilizada como medicamento na *Ayurveda.*

Para o presente estudo, duas plantas de *Tylophora indica* foram obtidas de Kerala e plantadas em estufa coberta com rede verde. Foram cortados rebentos frescos da planta e levados para o laboratório. As folhas foram retiradas dos rebentos e os segmentos nodais foram cortados e embebidos em algumas gotas de labolina durante 15 minutos. Depois de lavados com água destilada, os segmentos nodais foram esterilizados à superfície com cloreto de mercúrio a 0,1% (W/V) durante 15 minutos e lavados 4-5 vezes com água destilada estéril numa estufa laminar em condições assépticas.

Cada segmento foi cortado até um tamanho final de 1,5 cm e colocado assepticamente em meios MS, SH e WPM suplementados com 0,5 mg/l de BAP e diferentes concentrações de aditivos de polivinilpirrolidona ou sulfato de adenina. Após a inoculação, as culturas foram incubadas a 26°C±2 sob fotoperíodo de 12/12 (dia/noite) com intensidade luminosa de 1000-2000 lux fornecida por lâmpadas fluorescentes brancas frias. Foram estudados os efeitos de diferentes meios e adjuvantes na fase de estabelecimento dos explantes (Fase I) da micropropagação. Os diferentes meios e concentrações de adjuvante foram os seguintes:

Meio de comunicação:	MS, SH e WPM
BAP:	0,5 m/l
Polivinilpirrolidona:	25.0, 50.0 e 100. 0mg/l
Sulfato de adenina:	25.0, 50.0 e 100. 0mg/l

Fase de estabelecimento: Nesta fase, três meios, nomeadamente MS, SH e WPM, foram suplementados com 0,5 mg/l de BAP e PVP (0,0, 25,0, 50,0 ou 100,0 mg/l) ou AS (0,0, 25,0, 50,0 ou 100,0mg/l).

Fase de multiplicação: Os micro rebentos estabelecidos foram transferidos para vasos de cultura Growtek contendo meio WPM suplementado com 0,5 mg/l de BAP e PVP (25,0, 50,0 ou 100,0 mg/l) ou AS (25,0, 50,0 ou 100,0 mg/l).

Enraizamento de micro rebentos: Os micro rebentos foram cortados e inoculados em meio de enraizamento. A composição do meio de enraizamento foi a seguinte

MS suplementado com IBA (0,02, 0,2 ou 2 mg/l)

SH suplementado com IBA (0,02, 0,2 e 2 mg/l)

WPM suplementado com IBA (0,02, 0,2 e 2 mg/l)

Endurecimento: Os micro rebentos enraizados foram lavados com água para remover o ágar, tratados com fungicida e transferidos para enraizadores cheios de rito de solo. As plantas obtidas na fase de enraizamento foram transferidas para o campo.

Houve cinco réplicas em cada experiência e cada experiência foi repetida três vezes. Na fase de multiplicação em meio líquido, foi estudado o efeito apenas do WPM e a experiência foi realizada apenas uma vez. Os efeitos do meio e das diferentes concentrações de adjuvante na fase I: estabelecimento dos explantes, fase II: fase de multiplicação e fase III: fase de enraizamento da micropropagação foram avaliados utilizando os seguintes parâmetros:

a. Efeito na percentagem de explantes que apresentam indução e iniciação de rebentos.
b. Número de rebentos por explante.

c. Duração da filmagem.
d. Número de folhas por rebento e
e. Número de nós por rebento.

Os resultados deste estudo foram apresentados sob a forma de tabelas e gráficos.

Este estudo permite tirar as seguintes conclusões:

Estabelecimento de Expiants

Meio MS: Em geral, PVP a 25,0 mg/l de concentração em meio MS suplementado com 0,5 mg/l BAP é a combinação mais adequada para o estabelecimento *in vitro* de segmentos nodais de *Tylophora indica.* O sulfato de adenina a 100,0 mg/l de concentração em meio MS suplementado com 0,5 mg/l BAP é a combinação mais adequada para o estabelecimento *in vitro* de segmentos nodais de *Tylophora indica*

Meio SH: Em geral, PVP a uma concentração de 25,0 mg/l em meio SH suplementado com 0,5 mg/l BAP é a combinação mais adequada para o estabelecimento *in vitro* de segmentos nodais de *Tylophora indica.* O sulfato de adenina a uma concentração de 50,0 mg/l em meio SH suplementado com 0,5 mg/l de BAP é a combinação mais adequada para o estabelecimento *in vitro* de segmentos nodais *de Tylophora indica.*

Meio WPM: Em geral, PVP a uma concentração de 100,0 mg/l em meio WPM suplementado com 0,5 mg/l de BAP é a combinação mais adequada para o estabelecimento *in vitro* de segmentos nodais de *Tylophora indica.* O sulfato de adenina a uma concentração de 100,0 mg/l em meio WPM suplementado com 0,5 mg/1 BAP é a combinação mais adequada para o estabelecimento *in vitro* de segmentos nodais de *Tylophora indica.*

Proliferação de tiros

Vasos de cultura Growtek: Os vasos de cultura Growtek contendo meio WPM líquido suplementado com 0,5 mg/1 de BAP e 100 mg/1 de PVP induziram 3,0 rebentos por explante com 1,4 cm de comprimento por micro rebento e 4,0 nós por micro rebentos. Em geral, o meio WPM suplementado com 0,5 mg/1 de BAP e 100 mg/1 de AS foi o melhor para a proliferação de rebentos. Assim, os vasos Growtek contendo meio líquido são úteis para a fase de proliferação de rebentos.

Enraizamento de micro rebentos

Enraizamento de micro rebentos: Os resultados sugerem que o meio SH suplementado com 2,0 mg/1 de IBA foi adequado para o enraizamento de micro rebentos de *Tylophora indica.*

Endurecimento

Endurecimento das plântulas: Os micro rebentos enraizados foram lavados com água para remover o ágar, tratados com fungicida e transferidos para enraizadores cheios de rito de solo. As plantas obtidas na fase de enraizamento foram transferidas para o campo. Todas as plantas sobreviveram após 10 dias de transferência.

REFERÊNCIAS

Abe, F., Iwase, Y., Yamauchi, T., Honda, K. e Hayashi, N., 1995. Phenanthroindolizidine alkaloids from *Tylophora tanakae. Phytochemistry*, **39**, pp. 695-699.

Agharkar, S.P., 1991. *Plantas medicinais da presidência de Bombaim.* Publicação científica, Índia, pp. 48-49.

Ahmedullah, M., Nayar, M.P., 1999. *Red data book of Indian plants (Peninsular India).* Botanical Survey oflndia, Calcutá, vol.-**4**.

Aitken - Christie, J., 1991. *Automação In: Debergh, P.C. e Zimmerman, P.J. (eds) Micropropagation: Technology and Application.* Kluwer Academic Publishers, Dordrecht, Países Baixos, pp. 363-388.

Ali, M. e Bhutani, K.K., 1989. Alcalóides de *Tylophora indica. Phytochemistry,* **28**(12),pp.3513-3518.

Anónimo, 1956. *A riqueza das matérias-primas da Índia.* Direção de Publicação e Informação, CSIR, Nova Deli, **IV**, pp. 276-277.

Ansari, M.Y. e Kulkarni, B.G., 1971. *Ceropegia sahyadrica* Ans. e Kulk. - Uma nova espécie de Asclepiadaceae das cordilheiras de sahyadri no estado de Maharashtra. *Indian Forester,* **97**, pp. 688-690.

Arya, V., Shekhawat, N.S. e Singh, R.P., 2003. Micropropagação de *Leptadenia reticulate* - uma planta medicinal. *In Vitro Cellular and Developmental Biology - Plant,* **39,** pp. 180-185.

Beena, M.R. e Martin, K.P., 2003. Propagação in vitro da planta medicinal rara *Ceropegia candelabrum* L. através de embriogénese somática. *In Vitro Cellular and Developmental Biology - Plant,* **39,** 510-513.

Benjamin, B.D., Heble, M.R. e Chadha, M.S., 1979. Síntese de alcalóides em culturas de tecidos e plantas regeneradas de *Tylophora indica* Merr. (Asclepiadaceae). *Zeitschrift fur Pflanenphysiologie,* **92**(1), pp. 77-84.

Benmoussa, M., Mukhopadhyay, S. e Desjardins, Y., 1996. Otimização da cultura de calos e multiplicação de rebentos de *Asparagus densiflorus* cv. *Sprengeri. Plant Tissue Organ Culture,* **47,** pp. 91-94.

Bera, T.K. e Roy. S.C., 1993. Micropropagação de *Tylophora indica* (Burm.f.) Merr. através da formação de gemas múltiplas a partir de explantes de folhas maduras sem intervenção de calos. *Botanical Bulletin of Academia Sinica (Taipei),* **34,** pp. 83-87.

Bhattarjee, S.K., 2000. *Medicinal plants of India.* Pointer Publishers S.M.S. Highway, Jaipur, Índia, pp. 1-474.

Bhavan, B.V., 1992. *Selected Medicinal Plants of India, Bombaim.* Índia: Tata Press, pp. 333-336.

Bhojwani, S.S. e Razdan, M.K., 1996. *Plant Tissue Culture: Theory and Practice a revised edition.* Elsevier Science B.V., Nova Deli.

Bishayee, A. e Chatterjee, M.,1994. Hipolipidémico e
Efeitos anti-hipercolesterolémicos do extrato oral de folhas de *Gymnema sylvestre* R.Br. em ratos albinos alimentados com uma dieta rica em gordura. *Phytothera. Res.,* **8,** pp. 118-120.

Bone, K., 1996. *Clinical applications of Ayurvedic and Chinese Herbs (Aplicações clínicas de ervas ayurvédicas e chinesas).* Wardick, Queensland, Austrália. Phytotherapy Press, pp. 134-136.

Bown, D., 1995. *Encyclopedia of Herbs and their Uses.* Dorling Kindersley,

Londres.
Caius, J.F., 1986. *The medicinal and poisonous plants of India (As plantas medicinais e venenosas da Índia).* Scientific Publ., Jodhpur, Índia.
Chevallier, A., 1996. *The Encyclopedia of Medicinal plants.* Dorling Kindersley, Londres.
Chandrasekhar, T., Hussain, T.M., Gopal, G.R. e Rao, J.V.S., 2006. Embriogénese somática de *Tylophora indica* (Burm. F.) Merr., uma importante planta medicinal. *Int. J. App. Sci. Engineering,* **4,** pp. 33-40.
Chaudhuri, K., Ghosh, B., Tepfer, D. e Jha, S., 2006. Regeneração espontânea de plantas em raízes transformadas e calos de *Tylophora indica*: alterações no fenótipo morfológico e acumulação de tilforina associada a transformação por *Agrobacterium rhizogenes. Plant Cell Reports,* **25** (10), pp. 1059-1066.
Chaudhuri, K., Ghosh, B. e Jha, S., 2004. The root: a potential new source of competent cells for high-frequency regeneration in *Tylophora indica (*A raiz: uma nova fonte potencial de células competentes para regeneração de alta frequência em *Tylophora indica). Plant Cell Reports,* **22**(10), pp. 731-740.
Chaudhuri, K., Ghosh, B., Tepfer, D. e Jha, S., 2005. Transformação genética de *Tylophora indica* com *Agrobacterium rhizogenes* A4: crescimento e produtividade de tilforina em diferentes clones de raízes transformadas. *Plant Cell Reports,* **24** (1), pp. 25-35.
Chitnis, M.P., Khandalekar, D.D., Adwamkar, M.K. e Sahasrabudhe, M.B., 1972. Atividade antitumoral dos extractos do caule e da folha de *Tylophora indica. IJMR,* **60**(30), pp. 359-362.
Chopra, I. C., Chopra, R.N. e Nayar, S.L., 1986. *Glossário de Plantas Medicinais Indianas.* Conselho de Investigação Científica e Industrial, Nova Deli.
CSIR, 1948-1976. *The Wealth of India, Raw Materials (A riqueza da Índia, matérias-primas).* Publicação do Conselho de Investigação Científica e Industrial (CSIR), Nova Deli.
Das, B. B., 1996. Rasraj Mahodadhi, Khemraj Shri Krishnadas Prakashan, Bombaim.
Dastur, J.F., 1951. *Medicinal Plants of India and Pakistan (Plantas medicinais da Índia e do Paquistão).* D.B. Taraporevala Sons and Co. Private Ltd., Bombaim, pp. 171.
Day, S., 2005. Clonagem em massa e económica de plantas em meio líquido utilizando um novo bioreactor growtek. Liquid Culture Systems for *in vitro* Plant Propagation (Sistemas de Cultura Líquida para Propagação de Plantas *in vitro). Springer - Verlag,* Parte I, pp. 127-141.
Debergh, P.C., 1988. Melhoria da propagação em massa de plântulas *in vitro.* In: Comité Organizador do Int Symp High Technology in Protected Cultivation (Ed) Horticulture in high technological era - special lecture. Tóquio, pp. 45-57.
Dikshith, T.S., Raizada, R.B. e Mulchandani, N.B., 1990. Toxicidade do alcaloide puro de *Tylophora asthamatica* no rato macho. *Indian J Exp Biol,* **28**, pp. 208212.
Duke, J.A., 1983. Handbook ofEnergy Crops.
Duke, J.A. e Ayensu, E.S., 1985. *Medicinal Plants of China (Plantas medicinais da China).* Reference Publications, Inc.

Etienne, H. e Berthouly, M., 2002. Sistema de imersão temporária na micropropagação de plantas. *Plant Cell, Tissue and Organculture,* **69**, pp. 215-231.
Faisal, M. e Anis, M., 2005a. Um método *in vitro* eficiente para a propagação em massa de *Tylophora indica. Biological Plantarum,* **49** (2), pp. 257-260.
Faisal, M., Singh, S. e Anis, M., 2005b. Regeneração *in vitro* e estabelecimento de plantas de *Tylophora indica* (Burm.f.) Merrill: Cultura de calo de pecíolo. *In Vitro Cellular and Development Biology,* **41**(4), pp. 511-515.
Faisal, M., Ahmad, N. e Anis, M., 2007. Um sistema de micropropagação eficiente para *Tylophora indica*: uma planta em perigo de extinção e de importância medicinal. *Relatórios sobre Biotecnologia Vegetal*, **1** (3), pp. 155-161.
Faisal, M. e Anis, M., 2003. Propagação rápida em massa de *Tylophora indica* (Burm.f.) Merrill através da cultura de calos de folhas. *Plant Cell Tissue and Organ Culture,* **75** (2),pp. 125-129.
Farrington, E.A., 1990. *Comparative Materia Medica.* B. Jain Publ. Pvt. Ltd. (reimpressão ed.), Nova Deli.
Fern, K., 1997. Plantas para o futuro: plantas comestíveis, medicinais e úteis para um mundo mais saudável. *Revista Pharmaculture, soluções ecológicas para a vida quotidiana,* pp. 320 e 24 páginas a cores.
Fischer, R., Twyman, R.M., Hellwig, S., Drossard, J. e Schillberg, S., 2007. Facing the future with pharmaceuticals from plants. Em Biotechnology and Sustainable agriculture 2006 and beyond. (Eds. Z. Xu, J. Li, Y. Xue, W. Yang). *Springer,* pp. 13-32.
Flora of China, 1994. http://flora_of_China.im.ac.cn/
Foster, S. e Duke, J.A., 1990. *A Field Guide to Medicinal Plants*. Eastern and Central N. America. Houghton Mifflin Co. ISBN 0395467225
Fuerstner, A., Jason, W. J. K., 2007. Síntese total dos alcalóides de Tylophora Cryptopleurine (la), (-)-Antofine (lb), (-)- Tylophorine (Ie) e (-)-Ficuseptine C (Id). *WILEY-VCH Verlag GmbH and Co. KGaA, Weinheim,* **38** (5).
Gao, W., Bussom, S., Grill, S. P., Gullen, E. A., Hu, Y. C., Huang, X., Zhong, S., Kaczmarek, C., Gutierrez, J. e Francis, S., 2007. Estudos de estrutura-atividade de alcalóides de fenantroindolizidina como potenciais agentes antitumorais. *BioorgMed Chem Lett,* **17** (15), pp. 4338-4342.
Ghatnekar, S. D. e Kavian, M. F., 2000. A cultura de tecidos abre grandes oportunidades para o cultivo de plantas medicinais. Indian Express Newspapers (Bombay) Ltd.
Ghosh, N. C., 1988. Comparative Materia Medica. Hannemann Publ. Co. Pvt. Ltd. Colicata, Índia.
Gopalkrishnan, C., Shankaranarayan, D., Nazimudeen, S. K., *et al.,* 1980. Effect of Tylophorin, a major alkaloid of *Tylophora indica,* on immunopathological and inflammatory reactions. *Ind J. Med Res,* **71**, pp. 940-948.
Gopalkrishnan, C., Shankaranarayan, D. e Kameswaran, L., 1979. Investigações farmacológicas de tylophorine, o alcaloide principal de *Tylophora indica. Indian J Med Res,* **69**, pp. 513-520.
Govindachari, T. R., 2002. Cinco décadas no estudo de produtos naturais. *Proc. Indian Acad. Sci. (Chem. Sci.),* **114** (3), pp. 175-195.

Govindachari, T. R., Pai, B. R. e Nagarajan, K., 1954. Exame químico de *Tylophora asthmatica.* Parti. *J. Chem. Soc.,* pp. 2801-2803.
Govindachari, T. R., Vishwanathan, N.,Pai, B. R. , 1974. *J. Chem. Soc.*, **12**, pp. 886.
Grae. I, 1974. *Nature 's Colors - Dyes from Plants (Cores da Natureza - Corantes de Plantas).* MacMillan Publishing Co. Nova Iorque.
Grieve, 1984. *A Modern Herbal.* Penguin.
Gupta, S., Kumar, A. e Sobti, S. N., 1984. A comparative study on the effect of Auxins, IAA, IBA and Naphthaleneacetic Acid on rooting of *Tylophora indica* stem cuttings. *Indian Drugs,* **22**, pp. 118-120.
Haberlandt, G., 1902. Kulturversuche mit isollierten pflanzenzellen. Sitzungsber. Akad. Wiss. Wien, Math.-Naturwiss. Kl., Abt., **111**, pp. 69-92.
Hiregoudar, L. V., Murthy, H. N., Bhat, J. G., Nayeem, A., Hema, B. P., Hahn, E. J. e Paek, K. Y., 2006. Rapid Clonal Propagation of *Vitex trifolia (*Propagação clonal rápida de *Vitex trifolia). Biol Plant*, **50**, 291-294.
Honda, K., Tada, A., Hayashi, N., Abe, F. e Yamauchi, T., 1995. Alkaloidal oviposition stimulants for a danaid butterfly, *Ideopsis similis* L.from a host plant, *Tylophora tanakae* (Asclepiadaceae). *Ciência da Vida Celular e Molecular (CMLS),* **51**, pp. 753-756.
Huang, X., Gao, S., Fan, L., Yu, S. e Liang, X., 2004. Alcalóides citotóxicos das raízes de *Tylophora atrofolliculata. PlantaMedica,* **70** (5), pp. 441-445.
Hu, C. Y. e Wang, P. J., 1983. *Culturas de meristemas, pontas de rebentos e gemas.* Em: Handbook of plant cell culture, Evans, D. A., Sarp, W. R., Ammirato, P. V. e Yamada (Eds.). MacMillan Inc. Nova Iorque, **1**, pp. 177-227.
Jayanthi, M. e Mandal, P., 2001. Regeneração de plantas através de embriogénese somática e análise rapd de plantas regeneradas em *Tylophora indica* (Burm.f.) Merrill. *In Vitro Cellular and Development Biology-Plant,* **37** (5), pp. 576-580.
Joshi, S. G., 2000. *Medicinal plants.* Oxford e IBH Publishing Co. Pvt. Ltd, Nova Deli, pp. 68.
Kadir, A. A., 1998. Drugs from Plants. In: *Forest products Biotechnology*, eds., A. Bruce e Palfryman, Taylor and Francis, Londres, Reino Unido, pp. 209-234.
Kamboj, V. P., 2000. Herbal medicine. *Curr med,* **78**, pp. 35-39.
Kirtikar, K. R. e Basu, B. D., 1991. *Indian Medicinal Plants. Vol.-III.* Periodical Expert Book Agency, Nova Deli.
Komalavalli, N. e Rao, M. V., 2000. Propagação *in vitro* de *Gymnema sylvestre* - Uma planta medicinal polivalente. *Plant Cell Tiss. Org Cult,* **61**, pp. 97-105.
Kozak, D., 2003. Efeito dos componentes do meio na tuberização *in vitro* de *Gloriosa rothschildiana* O'Brien ISHS Ata Horticulture, **624**, pp. 515-520.
Kurihara, Y., 1992. Características das substâncias anti-doce, proteínas doces e proteínas indutoras de doçura. *Crit. Rev. Food Sci. Nutr.*, **32**, pp. 231-252.
Lacuna-Richman, C, 2002. The socio-economic significance of subsistence nonwood forest products in Leyte, Philippines. *Environmental Conservation,* **29**, pp. 253-262.
Lattoo, S. K., Bamotra, S., Khan, S. e Dhar, A. K., 2006. Regeneração rápida de plantas e análise da fidelidade genética de plantas derivadas *in vitro* de *Chlorophytum arundinaceum* Baker - uma erva medicinal ameaçada de extinção. *Plant Cell Reports,* **25**, pp. 499-506.

Lloyd, G. e McCown, B., 1980. Micropropagação comercialmente viável do loureiro-da-montanha, *Kalmia latifolia,* através da utilização da cultura de pontas de rebentos. *Comb. Proc. Soc.*, **30**, pp. 421-427.
Lucas, G. e Synge, H., 1978. The IUCN plant red data book, que inclui fichas de dados vermelhos sobre 250 plantas seleccionadas ameaçadas à escala mundial. Publ. Morges. Suíça.
Lust, J., 1983. *O Livro das Ervas.* Livros Bantam.
Manandhar, N. P., 2002. Plants and People ofNepal. Timber Press, Oregon.
Manjula, S., Job, A., Nair, G. M., 2000. Embriogénese somática a partir de calos derivados de folhas de *Tylophora indica* (Burm.f.) Merrill. *Indian Journal of Experimental Biology,* **38** (10), pp. 1062-1072.
Martin, K. P., 2002. Propagação rápida de *Holostemma adakodien* Schult., uma planta medicinal rara, através da multiplicação de gemas axilares e da organogénese indireta. *Plant Cell Reports,* **21**, pp. 112-117.
McPherson, A. e S., 1977. *Wild Food Plants o Indiana.* Imprensa da Universidade de Indiana.
Meve, U., 1996. Uma nova espécie de *Tylophora* (Asclepiadaceae) da África Tropical Ocidental. Kew Bulletin, **51**(3), pp. 585-589.
Meve, U., 1999. *Tylophora anomala* (Asclepiadaceae): A Cytologically Anomalous Species. Systematics and Geography ofPlants, **68** (1/2), pp. 255-263.
Mhatre, M., Bapat, V. A., Rao, P. S., 1984. Regeneração de plantas em culturas de protoplastos de *Tylophora indica. Journal of Plant Physiology,* **115** (3), pp. 231-236.
Moerman, D., 1998. Native Americal Ethnobotany Timber Press. Oregon.
Mukundan, U., Sivaram, L. e Kumar, A., 2002. Micropropagação de *Tylophora asthmatica* e *Uraria picta. Plant Cell Biotechnology and Molecular Biology,* **3** (1-2), pp. 73-76.
Mulchandani, N.B., Iyer, S. S. e Badheka, L. P., 1971. *Chem. Ind,* pp. 505.
Murashige, T. e Skoog, F. A., 1962. Revised medium for rapid growth and bioassays with tobacco tissue cultures. *Physiol. Plant,* **15**, 473-497.
Murashige, T, 1974. Propagação de plantas através de culturas de tecidos. *Annu. Rev. Plant Physiol,* **25**, 135-166.
Myers, N., 1991. The world's forests and human population: the environmental interconnections. *Population and Development Review,* **16**, pp. 1-15.
Nadkarni, K., 1976. *Indian Materia Medica.* Índia: Popular Prakashan, Bombaim, **1**, pp. 1252.
Nair, K. V., Yoganarasimhan, S. N., Keshava Murthy, K. R., e Shantha, T. R., 1984. Medico-botany of Andaman and Nicobar Islands - III: Ayurvedic drugs - 1. *Ancient Science of Life,* **4**(1), pp. 61-66.
Nayar, M. P. e Sastry, A. R. K., 1987. *Red data book of Indian Plants.* Botanical Survey oflndia, Calcutá, vol- 1, pp. 367.
Nema, R. K., Ramawat, K. G., Gupta, G. D., Tanwar, Y. S. e Mathur, M., 2007. Micropropagação rápida de *Tylophora indica. Revista Pharmacognosy,* **3**, pp. 52-55.
Nikam, T. D. e Savant, R. S., 2007. Cultura de calos e micropropagação de *Ceropegia sahyadrica* e Kulk: uma asclepiad rara tuberosa amilácea comestível. *Indian J. Plant Physiol,* **12**(2), pp. 108-114. 108-114.
Oudhia, P. e Dixit, A., 1994. WeedNews, **1** (2), pp. 19-21.

Patel, N. J., Gujarati, V. B., Gouda, T. S., Rao, N. V., Nandkumar, K. e Shantakumar, S. M, 2006. Atividade antidiarreica de extractos alcoólicos e aquosos de raízes de *Tylophora indica* (Wight Arn.) em roedores. *Pharmacology online,* **1**, pp. 19-29.

Patnaik, J. e Debata, B. K., 1995. Micropropagação de *Hemidesmus indicus* (L.) R. Br. através da cultura de gemas axilares. *Plant Cell Reports,* **15**, pp. 427-430.

Quiraishi, A., Koche, V., Sharma, P. e Mishra, S. K., 2004. Propagação clonal *in vitro* de neem *Azadirachta indica*). *Plant Cell, Tissue and Organ Culture,* **78**, pp. 281-284.

Rana, A. C. e Avadhoot, Y., 1992. Avaliação experimental da atividade hepatoprotectora de *Gymnema sylvestre* e *Curcuma zedoaria. Fitoterap,* **63**, pp. 6062.

Rao, K. V., 1970. Alcalóides de tylophora II: Estudos estruturais. *Jornal de Ciências Farmacêuticas,* **59**,pp. 1608-1611.

Rao, K. V., Wilson, R. e Cummings, B., 1970. Alcalóides de tylophora I: Isolamento de seis novos alcalóides. *Jornal de Ciências Farmacêuticas,* **59**, pp. 1501-1502.

Rao, K. V., Wilson, R. e Cummings, B., 1971. Alcalóides de tylophora III: Novos alcalóides de *Tylophora indica* (Burm. F.) Merrill e *Tylophora dalzellii* Hook.f. *Journal of Pharmaceutical Sciences,* **60**, pp. 1725-1726.

Rastogi, Ram, P. e Mehrotra, B. m., 1991. In: Compêndio de Plantas Medicinais Indianas. Pbl. Central Drug Research Institute, Lucknow e Publications & Information Directorate, Nova Deli, pp. 70-73.

Ratnagiriswaran, A. e Venkatachalam, K., 1935. O exame químico de *Tylophora asthmatica* e o isolamento dos alcalóides tylophorine e tylophorinine. *Indian J. Med. Res.,* **22**, pp. 433.

Reddy, K. N. e Venkat Raju, R. R., 1999. *Plants in Ethnoveterinary Practices in Anantapur Distt. (Edt. Maheshwari, J. K., Ethnobotany and Medicinal Plants of Indian Subcontinent)*. Scientific Publishers (India), Jodhpur.

Rosakutty, P. J., Roslin, A. S. e Ignacimuthu, S., 1999. Some Traditional Folklore Medicinal Plants of Kanyakumari Distt. *(Edt. Maheshwari, J. K., Ethnobotany and Medicinal Plants of Indian Subcontinent).* Scientific Publishers (India), Jodhpur.

Sandhu, A. S. e Singh, A. P., 2005. *Dictionary of Medicinal Plants (Dicionário de Plantas Medicinais)*. Black and White, Nova Deli, pp. 168.

Schenk, R. U. e Haberlandt, A. C., 1972. Meio e técnicas para indução e crescimento de cultura de células de plantas monocotiledóneas e dicotiledóneas. *Can. J. Bot.,* **50**, pp. 199-204.

Schneck, V. e Ewald, D., 2001. Crescimento e desempenho de clones de larício híbrido micropropagados. *Silvae Genetica,* **50**, 240-243.

Shah, N. C. e Kapoor, L. D., 1976. Etnobotânica de *Tylophora indica* (Burm.f.) Merrill. *Quaterly Journal of Crude Drug Research,* **14**, pp. 27-34.

Sharma, G. P. e Sharma, P. V., 1977. Estudo experimental da atividade anti-inflamatória de alguns medicamentos rasna. *JRIM,* **12** (2), pp. 18-21.

Sharma, N., Chandel, K. P. S., 1992. Efeito do ácido ascórbico na indução de rebentos axilares em *Tylophora indica* (Burm.f.) Merrill. *Plant Cell, Tissue and Organ Culture,* **29**(2), pp. 109-113.

Shivpuri, D. N., Menon, M. P. S., Prakash, D., 1969. Um estudo cruzado em dupla ocultação sobre *Tylophora indica* no tratamento de asma e rinite alérgica. *J. of Allergy,* **43**,pp. 145-150.

Shivpuri, D. N., Singhal, S. C., Prakash, D., 1972. Treatment of asthma with an alcoholic extract of *Tylophora indica* : A crossover double-blind study. *An Allergy,* **30**, pp. 407-412.

Singh, A. P., 2005. Considerações farmacológicas de *Tylophora asthmatica.* http://Zwww.siu.edu/~ebl/leaflets/singh.htm

Singh, B. D., 2005. *Biotechnology Expanding Horizons.* Kalyani Publishers, pp. 389.

Sreekumar, S., Seeni, S. e Pushpangadan, P., 2000. Micropropagação de *Hemidesmus indicus* para cultivo e produção de 2-hidroxil 4-metoxi benzaldeído. *Plant Cell, Tissue and Organ Culture,* **62**, pp. 211-218.

Stephan, J. e Vijayammal, P. L., 2000. Atividade anti-tumoral de *Tylophora asthmatica. Ciência Antiga da Vida,* **20** (1/2), pp. 88-91.

Stuart, Rev., G. A., 1976. *Matéria Médica Chinesa*: Reino Vegetal. Centro de Materiais do Sul. Inc. Taipei.

Subramaniam, A., 1999. *A survey of medicinal plants from Chitheri hills in Bhampuri Distt., Tamil Nadu (Edt. Maheshwari, J. K., Ethnobotany and Medicinal Plants of Indian Subcontinent).* Scientific Publishers (India), Jodhpur, pp. 413-414.

Tetali, P. e Tetali, S., 2000. Endemic Plants of India (A status report of Maharashtra state), Naoroji Godrej Centre for Plant Research, Satara, Índia.

Thomas, T. e Philip, B., 2005. Organogénese de rebentos de alta frequência induzida por Thidiazuron a partir de calos derivados de folhas de uma trepadeira medicinal, *Tylophora indica* (Burm.f.) Merrill. *In vitro cellular and developmental biology- Plant,* **42** (2),pp. 124-128.

Thomas, T. D., 2006. Efeito de açúcares, ácido giberélico e ácido abscísico na embriogénese somática em *Tylophora indica* (Burm.f.) Merrill. *Jornal Chinês de Biotecnologia, Edição Chinesa,* **22** (3), pp. 465-471.

Uniyal, M. R., 1993. Algumas ervas ayurvédicas populares e tradicionais úteis no planeamento familiar. *Sachitra Ayurved,* **45**, pp. 665-668.

Uphof, J. C. T., 1959. Dicionário de Plantas Económicas. Weinheim, Alemanha : H. R. Engelmann (J. Cramer).

Wang, H. G., Ma, Y. G., Yu, B. Y. e Yuan, S. T., 2006. Constituintes antitumorais das raízes de *Tylophora floribunda. Jornal Chinês de Medicamentos Naturais,* **4** (5), pp. 352-354.

Warrier, P. K., Nambiar e Mankutty, C., 1996. *Plantas Medicinais Indianas.* Orient Longman; Chennai, Índia, pp. 341-345.

Weiner, M. A., 1980. *Earth Medicine, Earth Food.* Ballantine Books.

Yamashiro, T., Maki, M., 2005. Um estudo comparativo do carácter reprodutivo e da diversidade genética de uma *Tylophora matsumurae* autógama e da sua progenitora *Tylophora tanakae* (Apocynaceae-Asclepiadioideae). *Plant Systematics and Evolution*, **256** (1-4), pp. 55-67.

Yeung, Him-Che, 1985. *Handbook of Chinese Herbs and Formulas (Manual de Ervas e Fórmulas Chinesas).* Instituto de Medicina Chinesa, Los Angeles.

MIX
Papier aus verantwortungsvollen Quellen
Paper from responsible sources
FSC® C105338

Printed by Books on Demand GmbH, Norderstedt / Germany